高等职业院校化学化工类规划教材

HUA GONG ZHUAN YE DAO LUN
化 工 专 业 导 论

吕海金 编著

中国海洋大学出版社
·青岛·

图书在版编目(CIP)数据

化工专业导论 / 吕海金编著. —青岛：中国
海洋大学出版社，2016.8
ISBN 978-7-5670-1229-5

Ⅰ．①化… Ⅱ．①吕… Ⅲ．①化学工业—教材
Ⅳ．①TQ

中国版本图书馆 CIP 数据核字(2016)第 196602 号

出版发行	中国海洋大学出版社		
社　　址	青岛市香港东路 23 号	邮政编码	266071
出 版 人	杨立敏		
网　　址	http://www.ouc-press.com		
电子信箱	1079285664@qq.com		
订购电话	0532—82032573		
责任编辑	孟显丽	电　话	0532—85901092
印　　制	日照报业印刷有限公司		
版　　次	2016 年 9 月第 1 版		
印　　次	2016 年 9 月第 1 次印刷		
成品尺寸	185 mm×260 mm		
印　　张	7.5		
字　　数	147		
印　　数	1～1600		
定　　价	18.00 元		

前　言

　　《化工专业导论》是应用化工技术专业和海洋化工技术专业的一门专业必修课程,系A类课程,属专业基础课程,于第一学年第一学期开设。开设的主要目的是帮助大一新生了解专业背景和概况,使学生对本专业的人才培养目标与基本要求、本专业的课程设置、主干课程以及所涉及的领域、本专业的特点与学习方法、本课程的整体设计及考核方案等有一个初步认识,激发学生的专业兴趣,提高学生的学习动力,并培养学生正确的学习态度与学习方法。该课程以导论的形式引导学生认识化工专业,通过大量的数据和案例,回顾历史、展望未来,增强学生的专业自豪感和专业认同感;为学生提供一种绿色化工的新思维、新方法,使清洁生产意识、责任关怀理念扎根于学生的脑海中,使他们在未来的工作中成为一名优秀的化学专业人才。

　　本书编写过程中,参考了相关书籍、期刊文献和网站的资料,反映了石油和化工行业新动态、新状况、新数据,具有前瞻性、先进性和实用性,在此向有关作者表示由衷的谢意!

　　由于水平所限,本书难免存在不足之处,恳请广大读者批评指正。

吕海金

2016 年 8 月 1 日

目　录

项目一　认识化工

任务一　认识专业及课程

学习目的及要求 8

通过学习、分享校长在开学典礼上的迎新致辞,正确地认识自我,科学地规划未来;了解课程的总体设计及学习要求;了解本专业的发展历史、课程设置及本课程的整体设计、考核方案等。

学习重点

专业发展历史与课程设置。

学习难点

专业认知与认同。

新课导入

分享历年院长第一课的主题。

主题一——梦想,你好!

梦想与现实;梦想与精神;梦想与过程;梦想与奋斗。

主题二——做最好的自己。

做最好的自己,始于认知;做最好的自己,要有梦想;做最好的自己,贵在坚持;做最好的自己,重在行动。

主题三——做时间的主人。

把握机遇，珍惜青职时间；承载使命，规划青职时间；奋然前行，经营青职时间。

——青职时间，且行且珍惜。

主题四——让学习成为习惯。

让学习成为习惯，要懂得为何学；让学习成为习惯，要知道学什么；让学习成为习惯，要了解怎么学。

1.1 专业介绍

根据区域经济发展需求，在广泛调研的基础上，青岛职业技术学院于 2003 年 9 月申报了化工工艺专业并通过教育厅的批准，自 2004 年开始招生。

1.1.1 探索起步阶段（2003—2006）

2004 年，应用化工专业招生计划 40 人，实际报到 28 人，组成一个教学班。2006 年，根据高职高专专业招生目录更名为"应用化工技术专业"，自此应用化工技术专业开始确立。此阶段，课程体系主要是借鉴本科院校中专科的课程体系设置课程，专业定位是为青岛地区化工行业培养高技能人才，招生范围包括青岛地区的普高生源和山东省内的对口生源；开设了包括无机及分析化学、物理化学、化工原理、校内实训等基础理论和实践课程。毕业生就业主要面向中国石化、青岛石油化学有限责任公司、青岛海晶化工集团有限公司等大型国有石化、化工企业。

1.1.2 发展成熟阶段（2007—2009）

2007 年，学院进入国家示范院校建设的关键时期，尽管本专业没有进入国家重点建设专业行列，但全体专业教师依然积极参与国家示范院校建设，积极吸取重点专业建设经验，广泛开展企业调研，更新观念，对原有人才培养方案进行了大幅度改革。主要体现在以下几方面：以典型化工产品生产为主线，以企业岗位能力要求为依据，增加了大量化工生产理论和实践内容，加大了实践课程比例；增加了顶岗实习课程，学生在第三学年以统一的形式进入化工企业一线操作岗位；与此同时教师将课堂搬进企业，学生在"做中学，学中做"。

1.1.3 整合创新阶段（2010—2013）

2010 年 5 月，本专业申报的"服务蓝色经济，培养高技能应用型人才研究"获山东省第三批科研发展计划立项（立项号：j10wh55）；2011 年 8 月成功申报了海洋化工生产技术专业（2012 年招生），通过重点建设海洋化工专业群，为青岛蓝色产业提供高端技能型人才支持。2011 年 8 月 25 日，本专业参与申报的"青岛市蓝色经济综合实训基地"项目被列入首批 15 个山东半岛蓝色经济区项目之一,获省"两区"建设专项资金支持(200 万元)。随着蓝色经济的发展,特别是 2011 年 1 月 4 日《山东半岛蓝色经济区发展规划》得到国务院批复以后,青岛市石化化工产业结构、布局调整及董家口石化基地建设为应用化工技术专业带来了空前的发展机遇。2011 年 12 月 31 日,本专业又得到教育部、财政部"高等职业学校提升专业服务能力"立项建设批复,从而进入了一个全新的发展时期,2012~2013 年对应用化工技术专业进行了重点建设。本专业以青岛石化、化工产业发展对人才的需求为依据,创新"工学结合、校企合作、顶岗实习"的人才培养模式,并建立社会需求调研和专业动态调整的长效机制。根据社会需求适时调整专业方向,人才培养目标调整为培养一批既熟悉一线生产技术条件、设备特点和操作技能,又具备管理能力和较强职业发展能力的高端技能型人才。

学院在化工技术方面拥有较强的师资力量和完备的教学设备,与本地区多家大型石化化工企业集团建立了密切的合作关系,为青岛市石油和化工行业培养、输送了大批紧缺高端技能型人才。经过十年的建设,应用化工技术专业取得了以下可喜的成就。

(1) 2008 年被评为院级特色专业。

(2) 2012 年被评为省级特色专业。

(3) 2013 年"提升能力项目"顺利通过验收,成为青岛职业技术学院 9 个国家重点专业之一。同年,获批与青岛市化工职业中等专业学校联合举办化工专业"3+2"连读专业点。《化工生产技术》《化学反应过程与设备》《化工仪表与自动控制技术》《化工分离技术》四门课程被评为省级精品课程。

(4) 2014 年,获批与青岛农业大学联合举办"3+2"对口贯通分段培养试点。《校企共建应用化工技术专业的探索与实践》获 2014 年山东省职业教育教学成果奖二等奖。

本专业是青岛职业技术学院 30 多个招生专业中为数不多的"中职—高职—本科"上下衔接的专业。青岛地区高职院校中只有我院开设本专业,毕业生供不应求,网签率、大企业就业率、平均起薪均列各专业之首;目前已有 9 届毕业生,均集中在大型石油和化工企业就业,实现了实习就业一体化、顶岗实习课程化。

1.2 课程介绍

1.2.1 课程起步阶段

应用化工技术专业于 2004 年开始招生。本课程的前身是《化工工艺概论》。2006 年 4 月,青岛职业技术学院与青岛海晶化工集团有限公司联合办学协议签订后,组建了第一期"海晶化工班"。2006 年 8 月,"海晶化工班"进入海晶化工顶岗实习,开始了边实习、边学习专业课程的实践。本课程的第一轮教学就这样开始了,利用周六周日在青岛上课。这种模式的优点是将实习中的工艺内容融入教学中,学生带着问题实习、带着答案或疑问回到课堂;同时部分内容实施现场教学,收到了良好的教学效果。但因顶岗实习中跟三班学习,所以下夜班的同学上课效果不好。

1.2.2 课程发展阶段

自 2008 级开始,本课程以青岛地区大型化工、石油化工、炼油等企业为依托,紧密结合化工、石油化工、炼油等职业岗位群对化工人才职业技能的基本要求,进一步实施了课程体系及教学内容改革,将课程名称更名为《化工生产技术》,在《化工工艺概论》的基础上,调整并充实教学内容,增加了清洁生产技术、典型化工产品生产技术等内容。

1.2.3 整合优化阶段

2011 年 9 月教育部、财政部决定 2011~2012 年实施"支持高等职业学校提升专业服务能力"项目,重点支持高等职业学校专业建设,提升高等职业教育服务经济社会能力。本专业积极申报并获批。2012~2013 年为重点建设期,投入 500 余万元,2013 年通过验收。《化工生产技术》作为重点建设的核心课程,边建设,边改革。自 2012 级开始,将《化工生产技术》课程的上篇——化工导论放在第一学期上。根据化工生产过程的特点和其对高端技能型人才素质、知识、技能的要求,本课程和《化工分离技术》《化学反应过程与设备》《化工仪表与自动控制技术》整合优化形成化工生产过程联合课程;其中,《化学反应过程与设备》是化工过程的核心,《化工分离技术》和《化工仪表与自动控制技术》是化工过程的根本保障。四门课程有机组合,以典型化工产品为载体,以化工生产过程为主线,形成了完整的《化工生产技术》。它们既相互支撑,又相对独立;既避免了知识点、技能点的重复,又避免了重要知识点、技能点的遗漏。自 2012 级开始,本课程按照"激发专业学习兴趣、拓宽专业知识领域、掌握典型生产技术、提高专业综合能力"课程设计思路,紧密结合区域化工实际,采用项目化教学模式,校企合作,专兼结合,联合授课。

1.2.4 创新发展阶段

通过分析和研究石油和化工行业面临的机遇与挑战,作为化工职业教育工作者应该承担的社会责任就是对学生的教育和引导,其目的是让学生认识、认同化工专业与石化(石油与化工简称)行业,树立绿色国际化工理念(责任关怀),以激发学生的专业学习兴趣,增强学生对行业和专业的认同感和自豪感。实施的途径是专业教育,尤其是专业入门教育,其重要的载体是化工专业导论课。所以从 2014 级开始,将原来的《化工生产技术》课程的上、下篇独立为两门课程;其中,《化工专业导论》在第一学期开设。

课程标准

详见附件:《化工专业导论》课程标准。

考核方案

本课程采用多元化学习成绩评价,过程考核与结课考核相结合,过程考核重点考查"三本"及出勤、作业完成情况和课堂表现等。结课考核重点考查学生综合分析问题、解决问题的能力。

总评成绩=过程性考核(40%)+结课考核(60%)

以过程考核和结课考核原始成绩录入 CRP 系统,系统按照 4∶6 比例自动折换成等级制分数。

学习平台

1. 化学人生:人生如化学、化学悟人生,微信号 ChemistryLife。
2. 生活中的化学:了解化学让生活更美好! 微信号 cheminlife。
3. 化工 707:化工、技术、未来! 化工路上一起走! 微信号 Hg707_com。
4. 52CHEM－2015:本专业设立的学习交流群。

作业

1. 聆听了院长的新生寄语,有何感悟(200~500 字)?
2. 网上查询化学工业在国防、国民经济及人类文明中的重要地位和关键作用。

任务二　认识化学工业的地位与作用

学习目的及要求

通过问卷分析、社会公众及专家、学者对化工的认识和偏见等,正确地认识化工,理直气壮地说化工、学化工、做化工。通过交流化学工业在国防、国民经济及人类文明中的重要地位和关键作用,进一步增强对化工的认识和认同。

学习重点

化学工业在国民经济中的地位和作用。

学习难点

对化学工业现状及未来发展的认识。

新课导入

分组讨论:针对《专业认知度问卷调查》统计结果,六个小组抽签研讨,推荐一人课堂交流,陈述观点及理由(眼中的化工;心目中的化工;对食品安全事件的看法;对化工安全事故的看法;喜欢从事的岗位;就读化工专业喜欢吗?)。

2.1　社会现象

学文不学理,学理不学工,学工不学化;"谈化色变"日趋严重,化工被妖魔化;事故频发(食品安全事故、爆炸事故);专业招不到学生,企业招不到员工。2012 年 9 月 5 日,中国教育报刊登了一篇《化工专业为何让学生望而却步》的文章,谈到:"一份针对 6 所高校化学化工类专业近 2000 名学生的调查显示,46％的学生希望转到其他专业学习,只有半数学生将兴趣作为选报化学化工类专业的首要因素。还有很多学生认为化学化工专业危险、有害、工作环境差。关系国计民生的基础性专业,却在专业人才培养环节遇冷。"

2.2　原因分析

一是从事工程技术工作需要厚实的专业基础,学起来难、累;二是对化工的片面认识;三是公民意识觉醒与石油和化工行业"责任关怀"缺失;四是部分企业重产能,轻安全、环保和职业健康,风险意识淡薄导致安全、环保事故时有发生。

在《化工专业为何让学生望而却步》文章中,专家提出用科普提高吸引力。而全国石油和化工行业教学指导委员会主任任耀生认为,石化类专业教育位居"行业声誉保卫战"的前沿,应培养石化声誉的坚定捍卫者,责任关怀的积极实践者。

2.3 问卷分析

对统计结果逐条分析。问卷调查结果显示,部分学生是被化工的,但不容否认,我们来到化工专业、坐到这里一起学习是一种缘分,是因化学而结缘。无论现在的你对化学有兴趣也好、无兴趣也好,我们相信,通过 16 课时的学习、研讨,你们就会对前面提到的社会现象有一个正确的认识,也会渐渐地喜欢化工、热爱化工。

2.4 歌曲欣赏《化学是你,化学是我》

此歌曲由原北京大学校长、著名的高分子化学家周其凤作词,由北京大学中乐学社演出。周其凤在讲座中称是由于"国际化学年"在中国推出了征集"化学之歌"的活动,自己为了抛砖引玉才写下名为"化学是你,化学是我"的歌词。

化学是你 化学是我

作词:周其凤

化学究竟是什么 化学就是你

化学究竟是什么 化学就是我

父母生下 生下的你我

la la la 是化学过程的结果

你我你我的消化系统

la la la 是化学过程的场所

记忆和思维活动 要借化学过程来描摹

即使你我的喜怒哀乐 也是化学神出鬼没

化学你原来如此神奇

哦 化学难怪你不能不火

哦 四海兄弟我们携手努力

哦 为人类的航船奋力扬波

你我你我 要温暖漂亮

la la la 化学提供衣装婀娜

你我你我要吃足喝好

la la la 化学提供营养多多

你我飞天探地　化学提供动力几何

即使你我的身心健康　也是化学密码解锁

化学你原来如此给力

哦　化学难怪你不能不火

哦　四海兄弟我们携手努力

哦　为人类的航船奋力扬波

【拓展】

1. 国际化学年

2008 年 12 月 31 日,第 63 届联大通过决议将 2011 年定为"国际化学年"(International Year of Chemistry),以纪念化学学科所取得的成就以及对人类文明的贡献。2011 年是国际纯粹与应用化学联合会(IUPAC)的前身国际化学会联盟(IACS)成立 100 周年,也是科学家居里夫人获得诺贝尔化学奖 100 周年。但最具深刻含义的是,1661 年罗伯特·波义耳提出了元素学说,标志着近代化学的诞生。为了纪念化学从炼金术变成真正的科学 350 年,2011 年无疑成为国际化学年。

图 1-2-1　国际化学年标识

联合国教科文组织及国际纯粹与应用化学联合会(IUPAC)负责主导这一年的纪念活动。联合国教科文组织指出,化学对于人类认识世界和宇宙来说必不可少。2011 年"国际化学年"纪念活动彰显化学对知识进步、环境保护和经济发展的重要贡献。

国际化学年主题是"化学——我们的生活、我们的未来"。

2. 国际纯粹与应用化学联合会

IUPAC(International Union of Pure and Applied Chemistry),国际纯粹与应用化学联合会,又译国际理论(化学)与应用化学联合会,是一个致力于促进化学相关发展的非政府组织,也是各国化学会的一个联合组织,以公认的化学命名权威著称。命名及符号分支委员会每年都会修改 IUPAC 命名法,以力求提供化合物命名的准确规则。IUPAC 也是国际科学理事会的会员之一。

3. 诺贝尔奖与诺贝尔

2012 年诺贝尔文学奖授予中国作家莫言。莫言成为有史以来首位获得诺贝尔文学奖的中国籍作家。

2015 年 10 月 5 日,瑞典卡罗琳医学院在斯德哥尔摩宣布,中国女科学家屠呦呦,以及来自爱尔兰的科学家威廉·坎贝尔、来自日本的科学家大村敏分享 2015 年诺贝尔生理学或医学奖,以表彰他们在寄生虫疾病治疗研究方面取得的成就。屠呦呦成为首位

获得该奖的中国人。

在为之自豪的同时,你了解诺贝尔其人吗?

诺贝尔生于瑞典的斯德哥尔摩。他一生致力于炸药的研究,在硝酸甘油的研究方面取得了重大成就。他不仅从事理论研究,而且进行工业实践。他一生共获得技术发明专利355项,并在欧美等五大洲20个国家开设了约100家公司和工厂,积累了巨额财富。

2.5 课堂交流

化学工业在国防、国民经济及人类文明中占据着重要地位,发挥着关键作用。

有史以来,化学工业一直是同发展生产力、保障人类社会生活必需品和应付战争等过程密不可分的。为了满足这些方面的需要,它最初是对天然物质进行简单加工以生产化学品,后来是进行深度加工和仿制,甚至创造出自然界根本没有的产品。它对于历史上的产业革命和当代的新技术革命等起着重要作用,足以显示出其在国民经济中的重要地位。

关于化工在国民经济中的地位和作用,怎么说都不为过!化学工业在国民经济中是工业革命的助手,发展农业的支撑,战胜疾病的武器,改善生活的手段,与衣、食、住、行息息相关。

归纳总结

化工与农业——化肥、农药、植物激素及生长调节剂,农膜、土壤改良剂、饲料添加剂等。

化工与医药——制药工业、生物制药、化学合成制药、中药制药,许多国家的制药工业发展速度多年来都高于其他工业的发展速度。

化工与能源——一次能源、二次能源。一次能源指从自然界获得且可直接加以利用的热源和动力源,包括煤、石油、天然气、油田气等,以及林木秸秆等植物燃料、沼气、核燃料,还有水能、风能、地热能、海洋能和太阳能等。二次能源是指从一次能源加工得到的便于利用的能量形式,除火电外主要是指化学加工得到的汽油、柴油、煤油、重油、渣油和人造汽油等液体燃料,以及煤气、液化石油气等气体燃料。

化工与人类生活——迄今为止,人类发现和创造的3000多万种化合物各自有其性质和功

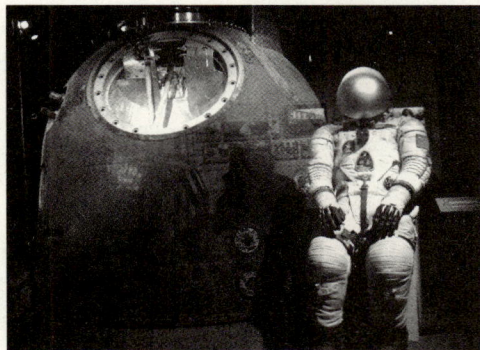

图 1-2-2 "神舟七号"返回舱

能。农业、轻工业、重工业、吃穿用、衣食住行无不紧密地依赖化学品,化工使人们的生活更加丰富多彩。

化工与国防——火炸药工业是广义化学加工工业的重要组成部分,它的生产工艺及设备与一般化学工业,特别是燃料工业、制药工业十分相近,具有相同的操作过程。随着火箭和导弹技术的进步,对推进剂的要求也越来越高,要求化工提供能量和冲量更高的发射药和推进剂,以及能量更大、破坏力和杀伤力更强的猛炸药。

化学工业是我国工业的基础,是国民经济发展的重要支柱产业——其他工业的发展离不开化工,工农业、交通运输、国防军事、航天航空无一例外!

还曾记得"神七"飞天?实现了中国人太空出舱活动的梦想!

请关注宇航员手套,这里化工发挥了重要的作用!

图 1-2-3 2008 年 9 月 27 日,"神舟七号"航天员翟志刚出舱

╟知识链接╢

宇航员出舱进行"太空行走",可轻巧地捡起一枚 1 分硬币——这要归功于承接舱外航天服橡胶材料制造的沈阳橡胶研究设计院的研制人员。他们先后研制了指套、掌面隔热垫等七大系列 13 种规格的配套产品,这使得宇航员在太空行走时,依靠这些橡胶制品可以在－120℃至 120℃温度范围内具有足够的柔韧性,又具有耐太空辐射和宇宙漂浮颗粒物等侵害的特殊性能。

总而言之,人类文明离不开化工,衣、食、住、行、医等国民经济发展离不开化工。

2.6 山东化工与中国化工

山东是我国化工第一大省。自 1992 年开始,山东省的化工产值、利税超过江苏省居全国同行业首位,并连续保持至今。化工行业经济总量与经济效益 24 年来一直位居全国同行业首位,是我国重要的化工生产基地。

2008 年,山东成为全国各省市中化工经济总量第一个过万亿元的省份。

2008 年是一个重要的年份。2008 年北京奥运会,也就是第 29 届夏季奥林匹克运动会,于 2008 年 8 月 8 日 20 时在北京国家体育场鸟巢开幕,并于 2008 年 8 月 24 日闭幕。2008 年 8 月 9~23 日,第 29 届奥运会帆船比赛在青岛奥林匹克帆船中心举行。

2008 年下半年,美国金融危机全面爆发,导致世界多数国家经济受到严重影响,我国也不例外。

为应对金融危机的挑战,我国密集出台了一系列"保增长、扩内需、调结构"的政策措施。2009年底至2010年初各级产业振兴规划和推进方案陆续出台,如《国家十大产业振兴规划》、《山东省九大产业振兴规划》、《青岛市七大产业振兴规划》、《山东省化学工业调整振兴规划》、《青岛市石化化工产业发展推进方案》等。

伴随着产业振兴规划和推进方案的实施,2010年成为中国石油和化学工业发展史上具有深远意义的一年,中国在化学工业上从"一穷二白"到"世界第二大国",实现了历史性跨越!2010年,我国化学工业总产值达7524亿美元,同年美国化学品总产值为7340美元,我国成为世界第一的化工大国;石油和化学工业总产值8.76万亿元,占全国工业总产值的12.5%(1949年,石油和化学工业总产值1.77亿元,占全国工业总产值的1.6%)。

2010年也是一个重要的年份,是"十二五"规划起草之年,各级规划也纷纷出台,如《石化和化学工业"十二五"发展规划》、《山东省化学工业"十二五"发展规划》、《青岛市国民经济和社会发展第十二个五年规划纲要》等都对石油和化工行业给予了重点规划,足见其重要地位。

据《山东省化学工业"十二五"发展规划》统计,"十一五"期间,全省化工行业突出发展石油化工、煤化工、海洋化工三大产业,壮大化肥、轮胎、精细化工、化工新材料四大产品集群。累计实现销售收入55240亿元、利税7721亿元、利润4467亿元。全省化工经济总量在全国化工和全省工业中都占近1/5,全国第一化工大省的地位更加巩固。

山东省石油化工行业"十二五"时期发展年均增长12%,到2015年,全行业实现主营业务收入27000亿元,实现利税3200亿元,年均递增10%;实现利润1700亿元,年均递增10%。其中,化工行业(不含原油开采)完成销售收入25200亿元,年均递增12%;实现利税2200亿元,年均递增10%;实现利润1300亿元,年均递增10%。

2.7 青岛化工

在青岛,化工曾经是城市的支柱产业,青岛化工、机械、纺织一度三分天下。青岛化工在山东乃至全国也处于重要地位,拥有上(上海)青(青岛)天(天津)的美誉。"十二五"期间,青岛化工在"搬迁、改造、转型、升级"中谋求发展。

2014年6月3日,国务院批准设立青岛西海岸新区(国函〔2014〕71号),新区位于胶州湾西岸,与青岛市主城区隔湾相望,包括

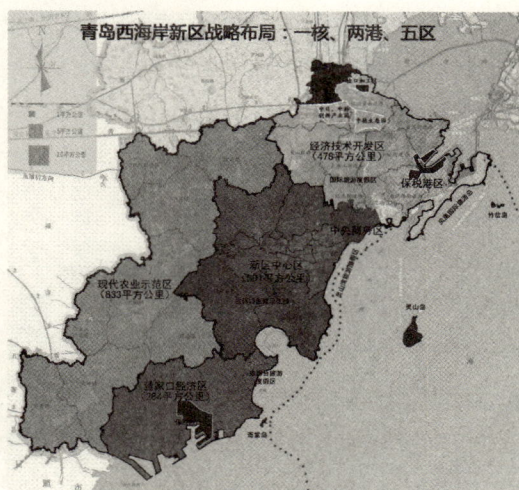

图 1-2-4 青岛西海岸新区功能区分布

青岛市黄岛区全部行政区域,其中陆域面积约 2096 平方千米、海域面积约 5000 平方千米。西海岸新区处于京津冀和长三角两大都市圈之间,环渤海经济圈的南缘。山东半岛蓝色经济区的核心地带,是黄河流域主要出海通道和亚欧大陆桥东部重要端点,与韩国隔海相望。青岛西海岸新区区位条件、科技人才、海洋资源、产业基础、政策环境等综合优势明显,具备推进陆海统筹、城乡一体、军民融合发展的独特条件。作为新区规划建设的 9 个功能区之一的董家口循环经济区,为青岛市化工产业的转型升级拓展了发展空间。

重点合作企业

1. 青岛海湾集团有限公司

前身是 1998 年 1 月 20 日挂牌成立的青岛凯联集团,以青岛市化工总公司、青岛橡胶集团、青岛海湾集团等企业集团和企业联合组建的。

青岛海湾集团有限公司(以下称海湾集团)是由青岛市政府批准组建的以化工、建材生产为主的市直企业集团,是青岛市大型化工集团公司和重点骨干企业集团,旗下由青岛碱业股份有限公司、青岛海晶化工集团有限公司、青岛海洋化工有限公司等 20 余家控股企业组成。经营领域涉及无机化工、有机化工、石化深加工、海洋化工、染料颜料、精细化工、农用化学品、建材等领域,产品远销世界 20 余个国家和地区。

近几年来,海湾集团抢抓青岛市实施蓝色经济发展战略的有利契机,启动企业搬迁项目,引进了欧洲、日韩以及我国台湾等地的世界先进的工艺和装备,与国际知名化工企业英利士、德西尼布石伟等开展了技术合作。整个产业园区项目的工艺水平、装备水平、管理水平得到了大幅提升。

目前,在南部董家口园区,海晶化工聚氯乙烯项目、热电项目、东岳泡花碱偏硅酸钠项目、海湾港务液化码头等项目即将建成投产,青岛碱业 50 万吨/年苯乙烯项目正在稳步推进。在北部新河园区,双桃精化热电项目、青岛碱业硫酸钾循环经济项目、海洋化工硅胶和硅溶胶项目、天柱化肥缓控释肥项目已经建成投产,双桃精化二期项目、住商肥料复合肥项目正在全面加速推进。两个园区建成后,预计到 2017 年,海湾集团将实现销售收入 200 亿元。身处全面转型升级的时节,全力冲刺的新海湾正向国际先进、国内一流化工企业集团的目

图 1-2-5　青岛海湾集团化工产业园区布局图

标迈进。

　　搬迁与结构调整相结合,以"技术国际化、装备大型化、环境生态化、管理现代化"的"四化"理念为指引,致力于发展循环经济、低碳经济、绿色经济,规划建设了南部董家口和北部平度新河"一南一北"两个化工产业园区。整体搬迁工作于 2010 年启动,遵循产业链一体化、园区化的原则,确立了"一南一北"产业发展新布局。海湾集团新址选定在董家口港、新河化工产业园建两大产业园,形成北方化工原料及精细化工产业中心、南方石化深加工产业及液体化工品仓储物流项目。两大园区总投资 184 亿元,预计耗时10 年,即利用在董家口和平度新河两个工业功能区,分别进行"董家口石化深加工及液体化工品仓储项目"和"平度新河化工产业园项目"的规划和建设,从而形成"一南一北"两个园区齐驱并进、共同发展的格局。

　　主要下属企业介绍如下。

HyGain 青岛海晶化工集团有限公司
QINGDAO HYGAIN CHEMICAL GROUP CO., LTD.

　　(1)青岛海晶化工集团有限公司。该公司是原青岛化工厂 1999 年改制创立的有限责任公司,始建于 1947 年,国家重点氯碱企业。

　　"十二五"伊始,该公司抓住山东半岛打造蓝色经济区以及青岛市新一轮城市发展战略布局调整的有利契机,借鉴国际化工依托港口经济建设发展的先进经验,在青岛董家口循环经济区,投资建设 40 万吨/年聚氯乙烯搬迁项目。搬迁项目以乙烯或 VCM、EDC 为原料,淘汰原先落后的电石法工艺路线。遵循安全可靠、产品能耗低、绿色环保、循环经济的设计原则,致力于"技术国际化,装备大型化,环境生态化,管理现代化"的发展目标,引进国际一流专利技术,发挥港口物流优势,全力打造绿色、环保及可持续发展的大型化工企业。利用本次搬迁的契机,海晶化工实现了产业优化升级、产品结构调整。主要装置工艺成熟、稳定、安全可靠,技术、装备水平一举跨入国际先进行列。

图 1-2-6　青岛海晶化工集团有限公司采用德国 TGE 技术建成 5 万吨低温乙烯罐

该公司于 2010 年 3 月启动整体搬迁工作,选址胶南市董家口临港工业区,是青岛市第一家入驻董家口港的企业,原厂 2013 年 10 月全线停产。海晶化工项目于 2010 年启动,2012 年开工建设,搬迁项目占地 1000 亩,分两期建设。一期建设年产 40 万吨聚氯乙烯、配套 30 万吨烧碱装置;二期建设年产 80 万吨聚氯乙烯、配套 60 万吨烧碱装置。

该公司荣获国家危化品从业单位安全标准化一级企业、中国化工企业 500 强"常青藤"企业、山东省"富民兴鲁"劳动奖状、青岛市高新技术企业、青岛市资源综合利用和节能工作先进单位、青岛市 AAA 级信誉企业等诸多荣誉。

在青岛市百强企业榜中,2005 年位列第 47 位,2006 年位列第 53 位,2007 年位列第 43 位,2008 年位列第 46 位,2009 年位列第 69 位,2010 年位列第 71 位,2011 年位列第 78 位,2012 年位列第 86 位,2013 年位列第 76 位,20 世纪 80 年代以前曾是山东省最大的氯碱企业。

（2）青岛碱业发展有限公司（以下简称青岛碱业）。该公司是以生产经营纯碱、化肥、热电及相关精细化工产品为主的大型综合性化工企业。公司始创于 1958 年,原名青岛化肥厂,1984 年更名为青岛碱厂,1994 年以定向募集方式设立青岛碱业股份有限公司,2000 年 3 月在上交所挂牌上市（股票代码:600229）,成为青岛市化工行业首家上市公司。

公司现有 1 个分公司和 8 个子公司。公司总资产 29 亿元;年产纯碱 80 万吨,化肥 50 万吨,氯化钙 15 万吨,自发电 5.8 亿千瓦时,蒸汽产品 700 万吨,是山东省、青岛市首批信誉等级 AAA 企业,被授予"全国 AAA 级信用企业"。

公司致力管理创新,通过 ISO9001 质量体系、ISO14001 环境管理体系和 ISO18000 职业健康安全管理体系认证,主导产品自力牌纯碱于 1983 年荣获"国家质量金质奖",2003 年被中国名牌推进委员会认定为"中国名牌"产品;纯碱、氯化钙被评为"知名品牌"产品。产品远销日本、韩国、东南亚、澳大利亚等 20 多个国家和地区。

青岛碱业以"绿色创造未来"为理念,秉持"自强不息、力求完美"的企业精神,着力推动公司产业结构优化升级,重点发展海洋化工、化工新材料、煤化工、石油化工四大产业,实现公司持续健康发展。

在青岛市百强企业榜中,2005 年位列第 38 位、2006 年位列第 44 位,2007 年位列第 40 位、2008 年位列第 48 位、2009 年位列第 48 位、2010 年位列第 59 位、2011 年位列第 63 位。2013 年位列第 79 位。

（3）青岛双桃精细化工（集团）有限公司。该公司前身为青岛染料厂,始建于 1919 年,是中国化学染料工业的先驱,青岛市高新技术企业,青岛市清洁生产审核达标企业,全国将校尉服装用染料定点企业,国家安全标准化企业,全国信息化 500 强企业。

该公司是生产染料及化工产品的技术密集型的精细化工企业,技术力量雄厚,先后主持和参与制定了2个国家标准、7个行业标准。主要产品有13大类:分散染料、中性染料、尤丽特染料、尤丽素染料、弱酸性染料、碱性染料、冰染染料、普拉染料、皮革染料、溶剂染料、苯胺黑系列、二乙芳胺系列、吡唑酮系列等,其中中性染料、苯胺黑、碱性紫5BN、盐基青莲、大红色基G等全国产销量第一。"双桃"为青岛市、山东省著名商标,产品销往全国各地及欧、亚、美等20多个国家和地区。按照青岛市"环湾保护、拥湾发展"战略的要求,企业正在实施战略转移,在平度生态化工园区征地550亩,投资16亿元建设新双桃,2010年9月2日,一期8.2万吨化工中间体项目举行了奠基仪式,2012年6月,正式投入生产。一个崭新的、更加美好的双桃已展现在我们面前。

(4)青岛海洋化工有限公司。该公司成立于1999年3月,前身是成立于1961年的青岛海洋化工厂和成立于1993年的青岛海洋化工集团公司,经过50多年的发展,目前已经成为亚洲门类品种最全、技术最先进的硅胶生产企业。改革开放以来特别是近几年,海洋化工紧紧抓住机遇,开拓创新,经济建设有了长足的发展,"海洋"牌硅胶系列目前已拥有约40个品种、200多种规格,年产能4.6万吨,产品不仅在国内市场居行业领先地位,而且还远销世界约40个国家和地区,满足了不同用户的需要。

海洋化工已整体搬迁至青岛平度新河生态产业园,产业园是青岛市统一规划建设的化工园区,被命名为国家级特色化工园区。新厂区项目目标锁定"世界先进、国内技术装备领先"层面,做世界一流企业,生产选用最优质原料,生产全过程采用DCS控制,产能一期3.7万吨/年,二期、三期至10万吨/年。目前新区项目已投产。

(5)青岛东岳泡花碱有限公司(原国营青岛泡花碱厂)。该公司始建于1943年,是全国规模最大、品种最全、历史最悠久的多品种硅酸盐类产品专业生产企业,也是该行业中唯一的国有企业。公司在同行业中率先通过了ISO9001-2008和ISO14001-2004认证;公司技术中心为青岛市市级"企业技术中心";多年来一直是行业先进技术的领航者。

"东岳"商标获"山东省著名商标"称号;"东岳牌"硅酸钠、偏硅酸钠获"青岛市名牌产品";硅酸钠曾获得化工部"优质产品"称号;硅酸钾钠曾获得山东省"省级优质产品"称号;另外,公司先后荣获"化工部六好企业"和"国家二级企业"等100多个荣誉称号。产品在行业内率先实现出口,产品销往日本、韩国、欧美等20个国家和地区,与多家世界著名跨国企业合资合作,是国内同行业最知名的外向型企业。

2. 青岛石油化工厂

该公司于 1964 年建厂，2000 年 12 月从原凯联集团撤出归到中国石化集团（简称中石化）旗下，2004 年 2 月 29 日中国石化集团青岛石油化工有限责任公司正式成立。原油加工能力为 350 万吨/年。生产装置主要包括常减压蒸馏、重油催化裂化、催化重整、柴油加氢精制、气体分馏、汽油脱硫醇、硫黄回收、干气回收等 10 余套。

在青岛市百强企业榜中，2005 年位列第 9 位，2006 年位列第 12 位，2007 年位列第 8 位，2008 年、2009 年、2011 年均位列第 10 位，2012 年位列第 9 位，2013 年位列第 13 位，2014 年位列第 12 位，2015 年位列第 12 位。

3. 青岛红星化工集团有限责任公司

该公司是国有特大型生产企业，原为凯联化工集团（现为海湾集团）的主要成员，2004 年撤出，成为独立的市直企业。自 1993 年起，集团公司依靠地处东部沿海的市场、信息、技术、人才优势，与西部地区的资源、能源等优势相结合，实施了"优势互补、共图发展"的战略，使一个举步维艰的国有企业迅速发展成"世界钡王""世界锶王"。红星不仅是西部开发的先行者，更为国有企业的脱困探索出一条成功之路。在贵州创建的贵州红星发展股份有限公司现已成为贵州省的支柱和明星企业，其股票于 2001 年成功上市。这是国家在西部大开发中，通过东西部结合诞生的第一家上市公司，温家宝总理曾先后两次视察红星，并赞誉红星为西部大开发的典范。2009 年为青岛市百强企业 72 位。

4. 青岛丽东化工有限公司

该公司于 2003 年 12 月正式成立，是目前山东省内一次性投资规模最大的外商投资企业之一。一期投资 30 亿，以石脑油为原料，年产 110 万吨芳烃，2006 年投产；二期投资 20 亿，年产 50 万吨精对苯二甲酸（PTA）。

在青岛市百强企业榜中，2008 年位列第 12 位，2009 年位列第 15 位，2010 年位列第 16 位，2011 年位列第 18 位（847379 万元），2012 年位列第 15 位（1290827 万元），2013 年位列第 19 位（1106633 万元），2014 年位列第 18 位（1030157 万元）。

5. 中国石化青岛炼油化工有限公司

该公司投资 100 亿元，一期 1000 万吨/年炼油项目全部加工进口原油，主要装置有 1000 万吨/年常减压、200 万吨/年重油催化裂化、340 万吨/年柴

油加氢、260 万吨/年重油加氢脱硫、260 万吨/年加氢裂化、120 万吨/年连续重整等，2008 年 6 月投产。

在青岛市百强企业榜中，2009 年位列第 5 位，2010 年位列第 4 位，2011 年位列第 4 位，2013 年位列第 3 位，2014 年位列第 3 位，2015 年位列第 3 位。

美国化学学会旗下《化学与工程新闻》杂志 2015 年全球化工 50 强排行榜新鲜出炉。全球化工 50 强榜单是按照各公司上年度化学品销售额进行排名的，巴斯夫公司以 787 亿美元再次雄踞榜首，陶氏化学以 582 亿美元夺回第二的位置，中石化以 580 亿美元位居第三。排名第二至第十的分别是陶氏化学、中石化、SABIC、埃克森美孚、台塑、利安德巴赛尔、杜邦、英力士和拜耳。

6. 青岛明月海藻集团

该公司始建于 1968 年，主导产业涉及海藻酸盐、功能糖醇、海藻化妆品、海洋功能食品、海洋生物医用材料、海藻生物肥料六大产业。在半个世纪的创新发展中，始终致力于海洋生物资源的深度开发和应用，是山东半岛蓝色经济的示范企业、中国海藻行业的领军者，也是目前全球最大的海藻酸盐生产基地。

2012 年位列青岛市百强企业第 81 位；2013 年位列青岛市百强企业第 66 位。

7. 万华化学集团股份有限公司（简称"万华化学"）

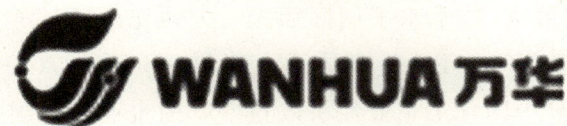

前身为烟台万华聚氨酯股份有限公司，成立于 1998 年 12 月 20 日，2001 年 1 月 5 日上市（股票代码 600309）。2013 年，为实现"中国万华向全球万华转变，万华聚氨酯向万华化学转变"的战略，公司正式更名为"万华化学集团股份有限公司"。

万华化学主要从事异氰酸酯、多元醇等聚氨酯全系列产品、丙烯酸及酯等石化产品、水性涂料等功能性材料、特种化学品的研发、生产和销售，是全球最具竞争力的 MDI 制造商之一，欧洲最大的 TDI 供应商。万华化学是中国唯一一家拥有 MDI 制造技术自主知识产权的企业，产品质量和单位产品消耗均达到国际先进水平。

自 2005 年国际化战略布局开始，万华化学已初步搭建了国际化雏形。在国内，烟台、宁波、北京、珠海、成都、上海等地的研发、生产基地和商务中心已逐渐成型；在国外，于美国、荷兰、日本、印度等十余个国家和地区均设有法人公司和办事处。2011 年，万华化学托管匈牙利 BC 公司，标志着万华化学的国际化进程又迈出了里程碑式的一步。

2007 年，"年产 20 万吨大规模 MDI 生产技术开发及产业化"项目获得"国家科技进步一等奖"；2008 年，16 万吨/年 MDI 工程获评"国家环境友好工程"，并获得"国家优质工程金质奖"殊荣；2009 年，中国聚氨酯行业内唯一的国家级工程技术研究中心正式落户万华化学;2010 年,"万华科技创新系统工程"项目获国家科技进步二等奖;2011 年,"宁波 MDI 产业化工程"项目获得"中国工业大奖表彰奖";2012 年,万华化学入选创新型百强企业前三强;2009 年、2011 年、2013 年,万华化学三次蝉联"翰威特中国最佳雇主"大奖。

万华化学始终坚持以客户需求为先导、以技术创新为核心、以人才为根本、以卓越运营为坚实基础、以优良文化为有力保障,围绕高技术、高附加值的化工新材料领域实施一体化、相关多元化(市场、技术)、精细化和低成本的发展战略,致力于将万华化学发展成为全球化运营的一流化工新材料公司。

8. 山东潍坊润丰化工股份有限公司

该公司成立于 2005 年 6 月,在山东省会济南设有战略管理与运营总部,在我国山东潍坊、山东青岛、宁夏平罗等地,以及巴拿马、阿根廷等国拥有 5 处研发与制造基地。公司面向全球客户提供植保产品和相关服务,是国家定点的农药生产企业、山东省高新技术企业,拥有自营进出口权。截至 2014 年底,年销售收入超过 31 亿元,农药出口额已连续六年排名全国前三位。

公司具备多种植保产品的原药合成与制剂加工能力,涵盖除草剂、杀菌剂、杀虫剂等,其中颗粒剂等高端剂型的加工能力全国最大,技术水平国际领先。公司先后通过了 ISO9001:2008 质量管理体系认证、ISO14001:2004 环境管理体系认证和 GB/T28001—2001 职业健康安全管理体系认证;先后获得"中国化工企业经济效益 500 强企业""中国农药制造业 100 强企业""农药制造行业效益十佳企业""省级安全文化建设示范企业""外贸工作先进单位""市级劳动关系和谐企业""市级文明单位""学习型组织标兵单位""捐资助学先进单位"等各类荣誉称号。润丰始终秉承"专业、专注、创新、协作"的企业精神,以其一如既往的执着和激情,向着国际知名植保公司的目标稳步迈进。

作业

1. 图说身边的化学。生活中化学无处不在,化学创造美好生活!从衣、食、住、行、娱乐、文化、运动、美容、医药卫生等方面发现身边化学,每个小组选择一个主题,用实物照片加以说明,并分析其化学组成及原理。

2. 查询生活所在地一家化工企业的简介、产品用途及发展前景。

3. 分组查询硫酸、纯碱、合成氨、氯碱典型行业的发展史,包括生产方法的沿革、生产工序等。

任务三　认识化学工业的发展概况

学习目的及要求

了解化学工业的概况和发展,激发民族责任心和使命感,并树立目标和信心,为我国化学工业的可持续发展、为将来在现代化建设中建功立业而努力学好化工知识和掌握化工技能,认识化工的每一步发展都推动了人类文明的进步。

学习重点

硫酸、纯碱、合成氨、氯碱等典型行业的发展史。

学习难点

硫酸、纯碱、合成氨、氨碱的生产方法、原理。

新课导入

作业交流。

需求拉动(带动、推动)发展,化学工业也不例外。因为其他工业的发展需要化工产品,所以才得以发展。

以硫酸工业的发展为例。18 世纪,由于纺织、印染工业的需要和发展,硫酸用量迅速增加。1746 年,英国罗巴克采用铅室代替玻璃瓶,建成了世界第一座铅室法硫酸厂。

又如因生产肥皂和玻璃需要用碱,而天然碱又不能满足需求,1775 年法国科学院征求制碱方法。法国化学家(兼医生)路布兰提出了以食盐为原料与硫酸作用生产纯碱的方法,工业上称为路布兰法。

路布兰法对化学工业的发展有很大的贡献,带动了硫酸(原料之一)工业的发展;生产中产生的氯化氢用以制取盐酸、氯气、漂白粉等为产业界所急需的物质。纯碱又可苛化为烧碱,把原料和副产品都充分利用起来,这是当时化工企业的创举;用于吸收氯化氢的填充装置、煅烧原料和半成品的旋转炉,以及浓缩、结晶、过滤等用的设备,逐渐运用于其他化工企业,为化工单元操作打下了基础,一些化工单元操作(过程)的原理一直沿用至今。因此,硫酸工业和纯碱工业成为无机化工生产最早的两个行业。

3.1 硫酸工业

3.1.1 发展历史

硫酸是化学工业中最基本、最重要的化工原料之一,素有"化学工业之母"的美称,广泛应用于化肥、农药、冶金、石油、化纤、染料、日用品、制药、国防等领域;作为重要的化工原料,其发展一直受到世界各国的高度关注。

3.1.1.1 世界硫酸发展概况

硫酸工业已有 200 多年的历史。早期的硫酸生产采用硝化法,此法按主体设备的演变又分为铅室法和塔式法。19 世纪后期,接触法获得工业应用,目前已成为生产硫酸的主要方法。

15 世纪后半叶,B·瓦伦丁在其著作中,先后提到将绿矾与砂共热、将硫黄与硝石混合物焚燃的两种制取硫酸的方法。约 1740 年,英国人 J·沃德首先使用玻璃器皿从事硫酸生产,器皿的容积达 300 升。在器皿中间歇地焚燃硫黄和硝石的混合物,产生的二氧化硫和氮氧化物与氧、水反应生成硫酸,此即硝化法制硫酸的先导。

1746 年,英国人 J·罗巴克在伯明翰建成一座铅室,这是世界上第一座铅室法生产硫酸的工厂。1805 年前后,首次出现在铅室之外设置燃烧炉焚燃硫黄和硝石使铅室法实现了连续作业。1827 年,著名的法国科学家 J·L·盖-吕萨克建议在铅室之后设置吸硝塔,用铅室产品(65%硫酸)吸收废气中的氮氧化物。1859 年,英国人 J·格洛弗又在铅室之前增设脱硝塔,成功地从含硝硫酸中充分脱除氮氧化物,并使出塔的产品的浓度达 76%的硫酸。这两项发明的结合,实现了氮氧化物的循环利用,使铅室法工艺得以基本完善。

18 世纪后半期,纺织工业取得重大的技术进步,硫酸被用于亚麻织品的漂白、棉织品的酸化和毛织品的染色。路布兰法的成功,又需大量地从硫酸和食盐制取硫酸钠。迅速增长的需求为初兴的硫酸工业开拓了顺利发展的道路。

早期的铅室法工厂都以意大利西西里岛的硫黄为原料,随着硫酸需求量的不断增加,原料供应日益紧张。19 世纪 30 年代起,英、德等国相继改用硫铁矿做原料。其后,利用冶炼烟气生产硫酸也获得成功。原料来源的扩大,适应了当时以过磷酸钙和硫酸铵为主要产品的化肥工业的兴起,从而使硫酸工业获得更大的发展。1900 年世界硫酸产量(以 100%硫酸计)已达 420 万吨。1916 年,美国田纳西炼铜公司建成了一套日产 230～270 吨(以 100%硫酸计)的铅室法装置。它拥有 4 个串联的铅室,每个铅室的容积为 15600 立方米,是世界上容积最大的巨型铅室;由于庞大的铅室生产效率低、耗铅多和投资高,19 世纪后半期起,不断有人提出各种改进的建议和发明,终于导致以填充塔代替铅室的多种塔式法装置的问世。

1911 年,奥地利人 C·奥普尔在赫鲁绍建立了世界上第一套塔式法装置。6 个塔的总容积为 600 立方米,日产 14 吨硫酸(以 100％硫酸计)。1923 年,H·彼德森在匈牙利马扎罗瓦尔建成一套由一个脱硝塔、两个成酸塔和四个吸硝塔组成的七塔式装置,在酸液循环流程及塔内气液接触方式等方面有所创新,提高了生产效率。

在前苏联和东欧,曾广泛采用五塔式流程。到 20 世纪 50 年代,前苏联又开发了更为强化的七塔式流程,即增设成酸塔和吸硝塔各一座,其生产强度比之老式的塔式装置有了成倍的提高,而且可以用普通钢材代替昂贵的铅材制造生产设备。

铅室法产品的浓度为 65％硫酸,塔式法则为 76％硫酸。在以硫铁矿和冶炼烟气为原料时,产品中还含有多种杂质。20 世纪 40 年代起,染料、化纤、有机合成和石油化工等行业对浓硫酸和发烟硫酸的需要量迅速增加,许多工业部门对浓硫酸产品的纯度也提出了更高的要求,因而使接触法逐渐在硫酸工业中居于主导地位。

1831 年,英国的 P·菲利普斯首先发明了以二氧化硫和空气混合并通过装有铂粉或铂丝的炽热瓷管制取三氧化硫的方法。1870 年,茜素合成法的成功导致染料工业的兴起,对发烟硫酸的需要量激增,为接触法的发展提供了动力。1875 年,德国人 E·雅各布在克罗伊茨纳赫建成第一座生产发烟硫酸的接触法装置。他曾以铅室法产品进行热分解取得二氧化硫、氧和水蒸气的混合物,冷凝除水后的余气通过催化剂层制成含 43％SO_3 的发烟硫酸。

1881 年起,德国巴斯夫公司的 R·克尼奇对接触法进行了历时 10 年的研究,在各种工艺条件下系统地测试了铂及其他催化剂的性能,并在工业装置上全面解决了以硫铁矿为原料进行生产的技术难题。当时的接触法装置都使用在较低温度下呈现优良活性的铂催化剂,但其价格昂贵,容易中毒而丧失活性。为此,早期的接触法装置,无论是以硫化矿还是以硫黄为原料,都必须对进入转化工序的气体预先进行充分的净化,以除去各种有害杂质。1906 年,美国的 F·G·科特雷耳发明高压静电捕集矿尘和酸雾的技术在接触法工厂获得成功,成为净化技术上的重要突破。

第一次世界大战的爆发,使欧美国家竞相兴建接触法装置,产品用于炸药的制造。这对接触法的发展颇具影响。1913 年,巴登苯胺纯碱公司发明添加碱金属盐的钒催化剂,活性较好,不易中毒且价格较低,在工业应用中显示了优异的成效。从此,性能不断有所改进的钒催化剂相继涌现,并迅速获得广泛应用,终于完全取代了铂及其他催化剂。

第二次世界大战以后,硫酸工业取得了较大的发展,世界硫酸产量不断增长。近代的硫酸生产技术也有了显著的进步。20 世纪 50 年代初,原联邦德国和美国同时开发成功硫铁矿沸腾焙烧技术。原联邦德国的拜耳公司于 1964 年率先实现两次转化工艺的应用，又于 1971 年建成第一座直径 4 米的沸腾转化器。1972 年，法国的于吉纳—库尔曼公建造的第一座以硫黄为原料的加压法装置投产，操作压力为 500 千帕，日产 550 吨 (100% H_2SO_4 计)。1974 年，瑞士的汽巴—嘉基公司为处理含 0.5%～3.0% SO_2 的低浓度烟气开发了一种改良的塔式法工艺，并于 1979 年在原联邦德国建成一套每小时处理 10km³ 焙烧硫化钼矿烟气的工业装置(0.8%～1.5% SO_2)。

目前，世界上大多数国家主要以硫黄为原料生产硫酸，如：1996 年，英国占总产量 82.9% 的硫酸以硫黄为原料，美国占 82.0%；1995 年，以硫铁矿为原料的硫酸产量为 2000 万吨左右，占硫酸总产量的 13%；1997 年，除中国以外，其余地区以硫铁矿为原料的硫酸产量下降了 8%；1998 年以硫铁矿为原料的硫酸产量低于 1800 万吨。

3.1.1.2 我国硫酸的发展概况

1874 年，天津机械局淋硝厂建成中国最早的铅室法装置，1876 年投产，日产硫酸约 2 吨，用于制造无烟火药。1934 年，中国第一座接触法装置在河南巩县兵工厂分厂投产。

1949 年以前，我国硫酸最高年产量为 18 万吨(1942 年)。1983 年硫酸产量达 870 万吨(不包括我国台湾省)仅次于美国、前苏联，居世界第三位。1951 年，研制成功并大量生产钒催化剂，此后还陆续开发了几种新品种。1956 年，成功地开发了硫铁矿沸腾焙烧技术，并将文氏管洗涤器用于净化作业。1966 年，建成了两次转化的工业装置，成为较早应用这项新技术的国家，在热能利用、环境保护、自动控制和装备技术等方面也取得了丰硕成果。

目前，我国在硫酸装置规模、技术装备水平、生产工艺、废物排放指标等方面均有了长足进步，我国正从一个硫酸生产大国向硫酸生产强国迈进。

2000～2009 年是我国硫酸工业发展很快的阶段，硫酸产量年均增长率为 10.4%。2004 年我国硫酸产量达到 3995 万吨，首次超过美国位居世界第一位，占到当年世界硫酸总产量 18499 万吨的 21.6%。2009 年硫酸产量创历史新高，达到 5968.6 万吨，占到世界硫酸产量的 32.2%，连续 6 年位居世界第一位。2000～2009 年以来，硫黄制酸发展很快，产量年均增长率为 18.0%，2009 年产量达到 2795.8 万吨，有色金属工业的发展也直接带动了冶炼烟气制酸的发展，产量年均增长率为 11.2%，近五年的年均增长率更是达到 15.6%，2009 年冶炼烟气制酸产量达到 1778.5 万吨。受低价进口硫黄和有色金属发展的影响，硫铁矿制酸发展较为平缓，产量年均增长率仅为 3%，年产量为 1384.6 万吨。

随着我国硫酸工业的迅猛发展，硫酸生产原料格局也发生了巨大变化，从硫铁矿占统治地位，逐步形成了"硫黄—冶炼烟气—硫铁矿"三大原料制酸三足鼎立的格局，并且硫黄和冶炼烟气制酸所占比例越来越大。硫黄制酸产量占硫酸总产量的比例由 2000 年的 25.2% 提高到 2009 年的 46.8%，冶炼烟气制酸产量占总产量的比例由 2000 年的

27.3%提高到 2009 年的 29.8%;硫铁矿制酸产量占总产量的比例由 2000 年的 45.7%下降到 2009 年的 23.2%。

自 2010 年以来,我国硫酸产量(折 100%)产量整体保持增长的态势,产量均高于 7000 万吨。2010 年硫酸产量(折 100%)为 7060.18 万吨,2011 年为 7416.61 万吨,2012 年为 7636.62 万吨,2013 年为 8077.57 万吨,2014 年为 8846.35 万吨,2015 年为 8975.5 万吨。除了 2012 年、2015 年硫酸产量增长率低于 5%,其他三年增长率均高于或等于 5%。

3.1.2 生产方法

从硫酸工业的发展历史可以看出,其主要生产方法由硝化法发展为接触法。

3.1.2.1 硝化法

硝化法又称为氮氧化物氧化法,反应机理如下:

$$SO_2 + H_2O \Longrightarrow H_2SO_3 \qquad ①$$
$$HNSO_5 + H_2O \Longrightarrow H_2SO_4 + HNO_2 \qquad ②$$
$$H_2SO_3 + 2HNO_2 \Longrightarrow H_2SO_4 + 2NO + H_2O \qquad ③$$
$$2NO + O_2 \Longrightarrow 2NO_2 \qquad ④$$
$$2H_2SO_4 + N_2O_3 \Longrightarrow 2HNSO_5 + H_2O \qquad ⑤$$

由上述反应可见,在反应过程中氮的氧化物起催化作用,为反应的催化剂,可将反应方程式简化为:

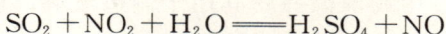

$$SO_2 + NO_2 + H_2O \Longrightarrow H_2SO_4 + NO$$
$$2NO + O_2 \Longrightarrow 2NO_2$$

3.1.2.2 接触法

二氧化硫和氧气在固体催化剂的表面发生氧化反应,克服了硝化法产品浓度低、使用氮的氧化物等缺点。硫铁矿、硫黄、石膏、冶炼烟气等均可作为制备二氧化硫的原料。以硫铁矿为例,反应原理如下。

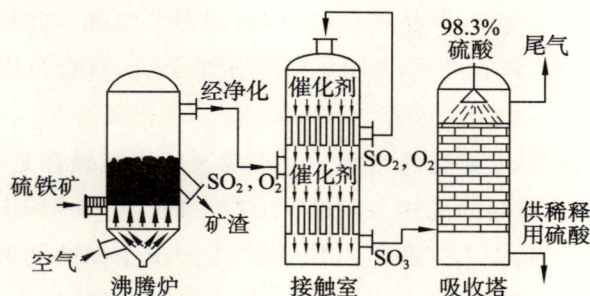

图 1-3-1　以硫铁矿为原料,接触法生产硫酸流程图

(1) 二氧化硫的制取和净化(沸腾炉)——造气过程

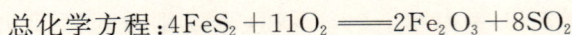

$2FeS_2 = 2FeS + S_2$

$S_2 + 2O_2 = 2SO_2$

$4FeS + 7O_2 = 4SO_2 + 2Fe_2O_3$

总化学方程:$4FeS_2 + 11O_2 = 2Fe_2O_3 + 8SO_2$

(2) 二氧化硫转化为三氧化硫(接触室)——催化氧化过程

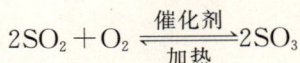

$2SO_2 + O_2 \xrightleftharpoons[\text{加热}]{\text{催化剂}} 2SO_3$

(3) 三氧化硫的吸收和硫酸的生成(吸收塔)——吸收成酸过程

$SO_3 + H_2O = H_2SO_4$

生产上分为焙烧、净化、转化、吸收四个工序。

3.2 纯碱工业

3.2.1 发展历史

纯碱是重要的工业原料,广泛应用于玻璃、化工、轻工、冶金等行业。有人称纯碱是工业之母,其消费水平可以衡量一个国家的工业化水平。

纯碱的历史由来已久。据说除了食盐以外,碱可能是人类最早制取和使用的化学物质。古时候人们就已经知道从海生和陆生植物中制取碱并将其用于制造玻璃。18世纪以后,由于需求量的不断增长、原料消耗量大及价格高昂,人们开始研究用化学方法人工制碱。1790年获得专利权的路布兰法是人类历史上第一个大规模化学制碱法。用此方法建成的碱厂曾遍布整个欧洲,路布兰法一直延续到1930年。

1861年,比利时人索尔维在煤气厂从事稀氨水的浓缩工作时,发现用食盐水吸收氨和二氧化碳时可以得到碳酸氢钠,于是获得用海盐和石灰石为原料制取纯碱的专利。这种方法被称为索尔维制碱法,由于生产过程中需要用氨起媒介作用,所以又称为氨碱法。由于氨碱法可以连续生产,产品质量纯净,因而得名纯碱。此后,英、法、德、美等国相继建立了大规模生产纯碱的工厂,并组织了索尔维公会,对会员以外的国家实行技术封锁。

第一次世界大战期间,欧亚交通堵塞。由于我国所需纯碱都是从英国进口的,纯碱非常缺乏,一些以纯碱为原料的民族工业难以生存。1917年,爱国实业家范旭东在天津塘沽创办了永利碱业公司,决心打破洋人的垄断,生产出中国的纯碱。他聘请正在美国留学的侯德榜先生出任总工程师。1920年,侯德榜先生毅然回国任职。他全身心投入制碱工艺和设备的改进上,终于摸索出了索尔维法各项生产技术。1924年8月,塘沽碱厂正式投产。1926年,中国生产的"红三角"牌纯碱在美国费城的万国博览会上获得金质奖章,产品不但畅销国内,而且远销日本和东南亚。

针对索尔维法生产纯碱时食盐利用率低,制碱成本高,废液、废渣污染环境和难以处理等不足,侯德榜经过上千次试验,在1943年研究成功了联合制碱法,简称联碱法。这种方法把合成氨和纯碱两种工艺联合起来,同时生产纯碱和氯化铵两种产品,即所谓联合法生产纯碱和氯化铵,原料是食盐、氨和二氧化碳——合成氨厂用水煤气制取氢气时的废气,提高了食盐利用率,缩短了生产流程,减少了对环境的污染,降低了纯碱的成本,联合制碱法很快为世界所采用。

目前,世界上纯碱生产主要采用氨碱法、联碱法和天然碱法。天然碱开采主要在美国,其纯碱产量约占全球总产量的1/3,由于其得天独厚的地理、地质和资源条件,生产成本低廉,具有无法比拟的竞争优势。从全球来看,天然碱矿主要分布在亚洲北部、北美西部和非洲东部三个较大的产区,主要是倍半碳酸钠($Na_2CO_3 \cdot NaHCO_3 \cdot 2H_2O$),其次是一水碳酸钠($Na_2CO_3 \cdot H_2O$)。在亚洲产区,有数十处碱湖盛产天然碱矿,横贯中国北部的辽阔地带的干旱、半干旱草原以及沙漠和戈壁滩,尤其是河南省地下蕴藏着的天然碱矿非常丰富(专家预测其储量约为800亿吨);其中,地处河南桐柏山区的桐柏安棚碱矿已探明储量4849万吨,是我国迄今为止发现的最大的天然碱矿之一。美国的天然碱蕴藏量目前居世界首位,仅怀俄明州绿河地区的天然碱蕴藏量就高达8万吨,由于采用水溶法生产纯碱的成本低,而且质量好,因此美国的天然碱加工工业发展很快。

3.2.2 我国纯碱工业发展概况

我国是世界仅有的氨碱、联碱和天然碱并存生产纯碱的国家,也是世界上天然碱资源开发利用最早的国家之一。据《山西通志》记载,早在1000多年前的宋朝就有手工作坊对地表天然碱的开采和利用。20世纪70年代,内蒙古伊克昭盟碱湖及80年代河南桐柏吴城的试验研究,拉开了中国天然碱开发的序幕。河南省桐柏县是我国唯一的大型古代天然碱矿床,已探明的安棚、吴城两大矿床,总储量达1.5亿吨,远景储量3亿~5亿吨,占全国天然碱储量的80%,位居亚洲第一、世界第二位。

2010~2014年间,国内纯碱产能由2010年底的2640万吨,扩建到2014年的3300万吨(氨碱法1500万吨,联碱法1600万吨,天然碱法200万吨),年均增长率约5.2%,已经超出国家发改委"十二五"纯碱产业规划要求的,到2015年底控制纯碱产能规模3000万吨以下的目标。纯碱产量2010年为2100万吨,2013年为2420万吨,2014年为2580万吨,年均增长5.7%。行业开工率变化不大,2010年为79.5%,2014年约78.2%。截至2014年底,我国纯碱生产企业54家,主要生产以中、大型企业为主,行业平均规模61万吨,100万吨以上企业10家,其中唐山三友集团生产能力最大为330万吨,其次山东海化集团生产能力为 300 万吨,再次湖北宜化生产能力为 200 万吨。我国纯碱生产遍地开花,生产企业遍及全国 34 个省级行政区的 22 个,主要生产区域集中在山东、河南、青海、江苏、河北等海盐、井矿盐、湖盐产量丰富的 5 个省区,2014 年纯碱产量为 1660 万吨,占 2014 年全国总产量的 64.34%,产量最低的省区为福建,生产能力只有 1 万吨。2015 年纯碱产量为 2591.7 吨,同比增长 3.1%。

国内纯碱产业产能严重过剩,受到国家产业政策及经济增速放缓的影响,纯碱产能扩张将进入低速增长期。对于东部沿海地区氨碱法纯碱生产企业,碱渣排放问题将面临严厉的政策制约。国内部分纯碱生产企业经营困难,未来纯碱企业间的兼并重组将成为现实。海水淡化浓缩海水将成为未来纯碱生产原料的重要来源之一。

3.2.3 生产方法

3.2.3.1 氨碱法(索尔维法)

先将氨气通入饱和食盐水中而成氨盐水,再通入二氧化碳生成溶解度较小的碳酸氢钠沉淀和氯化铵溶液;将经过滤、洗涤得到的 $NaHCO_3$ 微小晶体,再加热煅烧制得纯碱产品;放出的二氧化碳气体可回收循环使用。含有氯化铵的滤液与石灰乳 $[Ca(OH)_2]$ 混合加热,所放出的氨气可回收循环使用。反应原理如下:

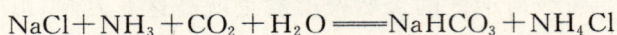

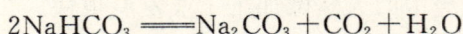

$$NaCl + NH_3 + CO_2 + H_2O = NaHCO_3 + NH_4Cl$$
$$2NaHCO_3 = Na_2CO_3 + CO_2 + H_2O$$
$$2NH_4Cl + Ca(OH)_2 = 2NH_3 + CaCl_2 + 2H_2O$$
$$CaCO_3 = CaO + CO_2$$

优点:原料便宜,产品纯度高,设备腐蚀轻。副产品氨和二氧化碳都可以回收循环使用,制造步骤简单,适合于大规模生产。

图 1-3-2 青岛碱业碳化塔

缺点:一是氯化钠的利用率低。虽然在理论上氯化钠的转化率可以达到 84%,实际生产中其转化率只能达到 72%～76%,这主要是由于干反应受到氯化钠在氨水中的溶解度和碳酸化反应的条件限制,24%～28%的钠离子和几乎全部的氯离子被废弃,因此氯化钠的总利用率实际上低于 30%;二是废液的处理问题,每生产 1 吨纯碱要排出 10 立方米左右的废液,这些废液被称之为"白海",对环境构成了一定威胁。

3.2.3.2 联碱法(侯氏制碱法)

联碱法包括两个过程:第一个过程与氨碱法相同,将氨通入饱和食盐水而成氨盐水,再通入二氧化碳生成碳酸氢钠沉淀,经过滤、洗涤得 $NaHCO_3$ 微小晶体,再煅烧制得纯碱产品,其滤液是含有氯化铵和氯化钠的溶液。第二个过程是从含有氯化铵和氯化钠的滤液中结晶沉淀出氯化铵晶体。由于氯化铵在常温下的溶解度比氯化钠要大,低温时的溶解度则比氯化钠小,而且氯化铵在氯化钠的浓溶液里的溶解度要比在水里的溶解度小得多。所以在低温条件下,向滤液中加入细粉状的氯化钠并通入氨气,可以使氯化铵单独结晶沉淀析出,经过滤、洗涤和干燥即得氯化铵产品。此时滤出氯化铵沉淀后所得的滤液,已基本上被氯化钠饱和,可回收循环使用。

优点:联合制碱法与氨碱法比较,其最大的优点是使食盐的利用率提高到 96% 以上。另外,它综合利用了氨厂的二氧化碳和碱厂的氯离子,同时,生产出两种可贵的产品——纯碱和氯化铵。将氨厂的废气二氧化碳,转变为碱厂的主要原料来制取纯碱,这样就节省了碱厂里用于制取二氧化碳的庞大的石灰窑;将碱厂的无用的成分氯离子来代替价格较高的硫酸固定氨厂里的氨,制取氮肥氯化铵,从而不再生成没有多大用处又难于处理的氯化钙,减少了对环境的污染,并且大大降低了纯碱和氮肥的成本,充分体现了大规模联合生产的优越性。

联碱法在分离出 $NaHCO_3$ 的母液里(NH_4Cl,$NaHCO_3$,没反应的 $NaCl$)加入食盐,利用同离子效应,配合以冷却或冷冻,降低氯化铵在母液中的溶解度,使氯化铵从母液中结晶析出,分离出氯化铵后继续通入氨又制得 $NaHCO_3$,食盐得到充分利用(Na^+,Cl^-)。

缺点:在质量和外观上,联碱法制得的纯碱不如氨碱法制得的纯碱,需配套合成氨装置,一次投资较大;还受到氯化铵销售市场的制约。

3.2.3.3 天然碱法

天然碱矿物的加工一般要经过水浸、净化、浓缩、结晶等处理工序,有时还要进行碳化。通常所说的天然碱,是指主要化学成分为碳酸钠和碳酸氢钠的一类矿物。倍半碳酸钠($Na_2CO_3 \cdot NaHCO_3 \cdot 2H_2O$)是常见的典型天然碱矿物。

从天然碱加工制纯碱的工艺来看,国内外主要采用的方法有蒸发法、碳酸化法两种,其中的蒸发法还可以依据原料组成不同,进一步细分为倍半碱工艺和一水碱工艺。以晶碱石($Na_2CO_3 \cdot NaHCO_3 \cdot 2H_2O$)为主的天然碱采用倍半碱工艺,在蒸发前若使 $NaHCO_3$ 分解,如通过干法分解(煅烧)、湿分解或溶采时注入 $NaOH$ 中和,蒸发中析出 $Na_2CO_3 \cdot H_2O$;采用一水碱工艺生产重质纯碱,或采用边蒸发、边湿分解的一步法生产重质纯碱。

碳酸化法制纯碱工艺是一种天然碱冷析碳化法制纯碱工艺,其特征是将精制后的热淡卤水,在接近其饱和温度的条件下送入碳化塔内,与塔底上升的二氧化碳相接触,使其中的碳酸钠转化为碳酸氢钠,反应后的料液从塔底排出。然后将母液和补充杂水混合后,回注入地下天然碱矿层,重新溶解其中的碳酸氢钠和碳酸钠;分离出的碳酸氢钠晶体送煅烧炉煅烧为纯碱,得到的是轻质纯碱。碳酸化法适用于碱、硝、盐共生的泡型天然碱湖水或固体矿。

优点:天然碱完全不需要氨碱法、联碱法所必需的工业盐、石灰石、氨、二氧化碳等原料,没有废渣、废液的排放,工艺流程短、设备简单、产品质量好等,具有明显优势。

3.3 合成氨工业

3.3.1 发展历史

合成氨是化学工业的基础,是数以百计的无机化工产品和有机化工产品的生产原料,如无机化工产品有硝酸、纯碱、所有铵盐和含氮无机盐、工业制冷剂等,有机化工产品有含氮中间体、磺胺类药物、维生素、氨基酸、己内酰胺、丙烯腈、酚醛树脂、TNT、三硝基苯酚、硝酸甘油、硝化纤维和尿素等。合成氨工业化以来,对人类社会的影响极为深远,甚至还远远地超出了化学工业本身的范畴。合成氨工业化的成功极大地促进了高压机生产技术、高压化学合成技术、气体深度净化技术和催化剂生产技术的发展。以合成氨为基础原料的化肥工业对粮食增产的贡献率占 50% 左右,使人类社会免受饥荒之苦而居功至伟。

3.3.1.1 世界合成氨发展概况

随着农业发展和军工生产的需要,20 世纪初先后开发并实现了氨的工业生产。从氰化法演变到合成氨法以后,原料不断改变,余热逐渐利用,单系列装置迅速扩大,推动了化学工业有关部门的发展以及化学工程进一步的形成,也带动了燃料化工中新的能源和资源的开发。

1898 年,德国 A·弗兰克等人发现空气中的氮能被碳化钙固定而生成氰氨化钙(又称石灰氮),进一步与过热水蒸气反应即可获得氨。1905 年,德国氮肥公司建成世界上第一座生产氰氨化钙的工厂,这种制氨方法称为氰化法。第一次世界大战期间,德国、美国主要采用该法生产氨,满足了军工生产的需要。氰化法由于成本过高,到 20 世纪 30 年代被淘汰。

利用氮气与氢气直接合成氨的工业生产曾是一个较难的课题。合成氨从实验室研究到实现工业生产,大约经历了 150 年。直至 1909 年,德国物理化学家哈伯用锇催化剂将氮气与氢气在 17.5MPa 至 20MPa 和 500℃～600℃下直接合成,反应器出口得到 6% 的氨,并于卡尔斯鲁厄大学建立一个每小时 80 克合成氨的试验装置。但是,在高压、高温及催化剂存在的条件下,氮氢混合气每次通过反应器仅有一小部分转化为氨。为此,哈伯又提出将未参与反应的气体返回反应器的循环方法。这一工艺被德国巴登苯胺纯碱公司(即 BASF 公司)所接受和采用。由于金属锇稀少、价格昂贵,问题又转向寻找合适的催化剂。该公司在德国化学家米塔斯的提议下,于 1912 年用 2500 种不同的催化剂进行了 6500 次试验,并终于研制成功含有钾、铝氧化物做助催化剂的价廉易得的铁催化剂。而在工业化过程中碰到的一些难题,如高温下氢气对钢材的腐蚀、碳钢制的氨合成反应器寿命仅有 80 小时以及合成氨用氮氢混合气的制造方法,都被该公司的工程师博施所解决。此时,德国国王威廉二世准备发动战争,急需大量炸药。而由氨制得的硝酸是生产炸药的理想原料,于是巴登苯胺纯碱公司于 1912 年在德国奥堡建成世界上第一座日产 30 吨合成氨的装置,1913 年 9 月 9 日开始运转,氨产量很快达到了设计能力。人们称这种合成氨法为哈伯-博施法,它标志着工业上实现高压催化反应的第一个里程碑。由于哈伯和博施的突出贡献,他们分别获得 1918 年度、1931 年度诺贝尔化学奖。其他国家根据德国发表的论文也进行了研究,并在哈伯-博施法的基础上作了一些改进,先后开发了合成压力从低压到高压的很多其他方法。

到 20 世纪 30 年代初合成氨成为广泛采用的制氨方法。70 年代以来,合成氨的生产不仅促进了如高压、低温、原料气制造、气体净化、特殊金属冶炼以及催化剂研制等方面的发展,还对一些化学合成工业如尿素、甲醇和高级醇、石油加氢精制、高压聚合等起了巨大的推动作用。

自从合成氨工业化后,原料构成经历了重大的变化,装置日趋大型化。

煤造气时期:第一次世界大战结束,很多国家建立了合成氨厂,开始以焦炭为原料。20 世纪 20 年代,随着钢铁工业的兴起,出现了用焦炉气深冷分离制氢的方法。焦炭、焦炉气都是煤的加工产物。为了扩大原料来源,曾对煤的直接气化进行了研究。1926 年,德国法本公司气化褐煤成功。第二次世界大战结束时,以焦炭、煤为原料生产的氨约占一半以上。

烃类燃料造气时期:早在 20 世纪 20~30 年代,甲烷转化制氢已研究成功。50 年代,天然气、石油资源得到大量开采,由于以甲烷为主要组分的天然气便于输送,适于加压操作,能降低氨厂投资和制氨成本,在性能较好的转化催化剂、耐高温的合金钢管相继出现后,以天然气为原料的制氨方法得到广泛应用。接着抗积炭的石脑油蒸汽转化催化剂研制成功,缺乏天然气的国家采用了石脑油为原料。60 年代以后,又开发了重质油部分氧化法制氢。到 1965 年,焦、煤在世界合成氨原料中的比例仅占 5.8%。从此,合成氨工业的原料构成由固体燃料转向以气、液态烃类燃料为主的时期。

装置大型化:由于高压设备尺寸的限制,20 世纪 50 年代以前,最大的氨合成塔能力不超过日产 200 吨氨,60 年代初不超过日产 400 吨氨。随着由汽轮机驱动的大型、高压离心式压缩机研制成功,为合成氨装置大型化提供了条件,大型合成氨厂的数目也逐年增多。合成氨厂大型化通常指规模在日产 540 吨以上的单系列装置。1963 年和 1966 年美国凯洛格公司先后建成世界上第一座日产 540 吨和 900 吨氨的单系列装置,显示出大型装置具有成本低、占地少和劳动生产率高等显著优点。从此,大型化成为合成氨工业的发展方向。

3.3.1.2 我国合成氨工业发展概况

我国合成氨工业始于 20 世纪 30 年代,但到 1949 年时,全国只有南京、大连 2 座合成氨厂,年生产能力仅为 4.5 万吨。新中国成立以来,基于农业大国的迫切需要,我国的合成氨工业得到了超常规的发展。1983 年、1984 年产量分别为 1677 万吨、1837 万吨(不包括台湾),仅次于前苏联而占世界第二位,1992 年总产量达 2298 万吨,居世界第一。20 世纪 90 年代初期我国拥有 4 万吨以下小合成氨厂 1539 家,10 万吨以下中型合成氨厂 55 家,20 万~30 万吨大型氨厂 24 家。2008 年,我国各类合成氨厂的数量锐减至 570 多家,但合成氨产能却持续稳步增长,30 万吨以上大型合成氨厂 33 家,其中 50 万吨以上特大型氨厂 7 家,18 万~30 万吨中型氨厂 82 家,大中型氨厂的合成氨产量在国内合成氨总产量中所占比例已突破 50%,达 51.19%。2008 年我国合成氨总产量突破 5100 万吨,占当年世界合成氨总产量的 33.1%,2010 年为 4963.1 万吨,同比下降 2.4%;2011 年为 5068.97 万吨,同比增长 2.1%;2012 年 5543.2 万吨,同比增长 9.4%;2013 年为 5745.3 万吨,同比增长 3.7%;2014 年为 5699.5 万吨,同比下降 1.8%;2015 年为 5791.4 万吨,同比增长 1.8%。

自 20 世纪 80 年代以来,我国的合成氨工业已呈现多层次、多形态的新格局和加速发展的新态势:① 已掌握了以焦炭、无烟煤、焦炉气、天然气及油田伴生气和液态烃等多种原料生产合成氨和尿素的技术,形成了具有中国特色,以煤为主(80%以上)、天然气为辅、石油已基本淘汰的原料格局;② 形成了大、中、小生产规模并存,以中小型企业为主体、大型企业为辅,但大型化、集团化趋势越来越明显的企业格局;③ 形成了先进工艺技术和落后工艺技术并存,先进工艺技术呈加速发展的合成氨和氮肥生产技术格局。目前合成氨和尿素总生产能力已完全能够满足国内农业和工业需求,但总体吨氨能耗水平、总体企业的规模效益还与世界先进水平存在较大差距,目前正处于转型发展的关键时刻。

3.3.2 生产方法

3.3.2.1 氰化法

$$CaC + N_2 \Longrightarrow CaCN_2$$
$$CaCN_2 + 3H_2O \Longrightarrow 2NH_3 + CaCO_3$$

3.3.2.2 合成法

以煤或烃类(渣油、天然气、石脑油)为原料,通过造气、净化、压缩与合成而完成;原料不同,造气、净化过程不同,但压缩与合成工序相同,化学反应均为 $N_2+3H_2 \rightleftharpoons 2NH_3$。

以煤或焦炭为原料造气:

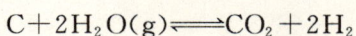

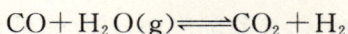

$C+2H_2O(g) \rightleftharpoons CO_2+2H_2$

$C+H_2O(g) \rightleftharpoons CO+H_2$

$CO+H_2O(g) \rightleftharpoons CO_2+H_2$

以天然气为原料造气:

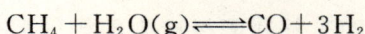

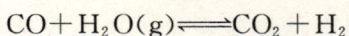

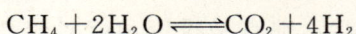

$CH_4+H_2O(g) \rightleftharpoons CO+3H_2$

$CO+H_2O(g) \rightleftharpoons CO_2+H_2$

$CH_4+2H_2O \rightleftharpoons CO_2+4H_2$

3.4 氯碱工业

氯碱工业是基本无机化工之一。主要产品是氯气和烧碱,在国民经济和国防建设中占有重要地位。随着纺织、造纸、冶金、有机、无机化学工业的发展,特别是石油化工的兴起,氯碱工业发展迅速。

3.4.1 世界氯碱工业发展概况

3.4.1.1 氯碱工业的形成

18 世纪,瑞典人舍勒用二氧化锰和盐酸共热制取氯气,这种方法被称为化学法。将氯气通入石灰乳中,可制得固体产物漂白粉,这对当时的纺织工业的漂白工艺是一个重大贡献。随着人造纤维、造纸工业的发展,氯的需要量大增,纺织和造纸工业,成为当时消耗氯的两大用户。用化学方法制氯的生产工艺持续了 100 多年。但它有很大的缺点,从上述化学反应可见其中盐酸只有部分转变为氯,很不经济,且腐蚀严重、生产困难。

烧碱最初也用化学法(也称苛化法,即石灰－苏打法)生产:

$Na_2CO_3+Ca(OH)_2 \longrightarrow 2NaOH+CaCO_3 \downarrow$

电解食盐水溶液同时制取氯和烧碱的方法(称电解法),在 19 世纪初已经提出,但直到 19 世纪末大功率直流发电机研制成功才使该法得以工业化。第一个制氯的工厂于 1890 年在德国建成,1893 年在美国纽约建成第一个电解食盐水制取氯和氢氧化钠的工厂。第一次世界大战前后,随着化学工业的发展,氯不仅用于漂白、杀菌,还用于生产各种有机、无机化学品以及军事化学品等。20 世纪 40 年代以后,石油化工兴起,氯气需要量激增,以电解食盐水溶液为基础的氯碱工业开始形成并迅速发展。50年代后,苛化法只在电源不足之处生产烧碱。

3.4.1.2 电解法的发展

氯碱生产用电量大,降低能耗始终是电解法的核心问题。因此,提高电流效率、降低槽电压、提高大功率整流器效率、降低碱液蒸发能耗以及防止环境污染等,一直是氯碱工业努力的方向。

初期:为了连续有效地将电解槽中的阴、阳极产物隔开,1890年德国使用了水泥微孔隔膜来隔开阳极、阴极产物。这种方法被称为隔膜电解法,简称隔膜法,即用多孔渗透性隔膜把阳极室和阴极室隔开,隔膜能阻止气体通过,这就阻止了阳极产物和阴极产物的混合,但能让水和离子通过,这样既能防止阴极产生的氢气和阳极产生的氯气混合引起爆炸,又能避免氯气和氢氧化钠反应生成次氯酸钠而影响烧碱质量。这不仅适用于连续生产,而且可以在高电流效率下制取较高浓度的碱液,缺点是投资和能耗较高,产品烧碱中含有食盐。1892年美国人卡斯特纳和奥地利人克尔纳同时提出了水银电解法,其特点是以汞为阴极,钠离子得到电子生成液态的钠和汞的合金,在解汞室中,合金与水作用生成氢氧化钠和氢气,析出的汞又送回电解室循环使用。这种方法所制取的碱液纯度高、浓度大,成本低,因此曾得到广泛使用。1897年,英国和美国同年建成水银电解法制氯碱的工厂。

近期:水银法的最大缺点是汞对环境的污染。20世纪70年代初,日本将该法分期分批进行转换;美国决定不再新建水银法氯碱厂;西欧各国也制定了新的法规,严格控制汞污染,隔膜法电解技术便迅速发展。60年代末,荷兰人比尔提出了长寿命、低能耗的金属阳极并用于工业生产之后,隔膜与阴极材料也得到了改进。70年代初,改性石棉隔膜用于工业生产。80年代塑料微孔隔膜研制成功。随着氯碱厂的大型化,生产能力大的复极式隔膜电解槽开始使用。

隔膜法制得的碱液,浓度较低,而且含有氯化钠,需要进行蒸发浓缩和脱盐等后加工处理。水银法虽可得到高纯度的浓碱但有汞害,因此离子膜电解法(简称离子膜法)便诞生了。

离子膜法于1975年首先在日本和美国实现工业化。采用具有选择透过特性的阳离子交换膜,隔开阳极室和阴极室,由于膜本身具有阳离子选择透过性,只允许钠离子并伴随水分子透过膜向阴极移动,所以阴极室可以得到高纯度的氢氧化钠,即可以得到不同浓度的氢氧化钠(32%,48%),不需要蒸发浓缩。但阴极附近的氢氧根离子,具有很高的迁移速率,在电场作用下,仍不可避免地会有一部分透过离子膜进入阳极室,导致电流效率下降,因此对离子膜的要求比较苛刻。由于离子膜法综合了隔膜法和水银法的优点,产品质量高,能耗低又无水银、石棉等公害,故被公认为当代氯碱工业的最新成就。

3.4.2 我国氯碱工业发展简况

我国氯碱工业始于 20 世纪 20 年代末。1949 年前,烧碱平均年产量仅 1.5 万吨,氯产品仅盐酸、漂白粉、液氯等少数品种。1949 年后,在提高设备生产能力的基础上,对电解技术和配套设备进行了一系列改进。20 世纪 50 年代初,建成第一套水银电解槽,开始生产高纯度烧碱;不久,又研制成功立式吸附隔膜电解槽,并在全国推广应用。50 年代后期,新建长寿、株洲、北京、葛店等十多个氯碱企业及其他小型氯碱厂,到 60 年代全国氯碱企业增至 44 个。70 年代初,氯碱工业中阳极材料进行了重大革新,开始在隔膜槽和水银槽中用金属阳极取代石墨阳极。80 年代初,建成年产 10 万吨烧碱的 47-Ⅱ 型金属阳极隔膜电解槽系列及其配套设备。至此,全国金属阳极电解槽年生产能力达 800kt 碱,约占生产总量的 1/3。在此期间,氯碱工业中的整流设备、碱液蒸发,以及氯气加工、三废处理等工艺也都先后进行了改革。1983 年烧碱产量为 212.3 万吨,仅次于美国、原联邦德国、日本、前苏联。

20 世纪 20 年代,开始创建第一家氯碱厂——上海天原化工厂,1930 年正式投产。70 年代,成功开发了金属阳极电解槽,1974 年天原化工厂投入工业化生产。1979 年天原化工厂自行设计并投入生产我国第一台复极式离子膜电解槽。1990 年上海氯碱总厂引进日本旭肖子公司年产 15 万吨离子膜烧碱生产装置并投入生产,其后陆续有企业引进国外装置。

青岛海晶化工集团有限公司 1988 年全为隔膜电解槽,其中一半是石墨阳极(2.5 万吨/年)。1997 年从意大利引进 6 万吨/年复极式离子膜烧碱生产装置,使烧碱的生产技术装置和水平迈入 20 世纪 90 年代国际先进行列。

图 1-3-3 海晶化工 6 万吨离子膜烧碱装置

近十几年来,我国烧碱产业发展迅猛,烧碱产能和产量均居世界第一。截至 2013 年底,我国烧碱产能达到 3850 万吨/年,约占全球总产能的 40%。我国共有烧碱生产企业 176 家,企业的平均产能为 22 万吨/年,产业集中度有所提升。烧碱工艺路线发生明显变化,离子膜烧碱产能为 3640 万吨/年,所占比例已经接近 95%。行业出口结构也发生了一定的变化,固态碱出口的比例明显上升,占烧碱出口总量的近 40%,与 2012 年的不足 25% 相比有明显增加。近十年来我国烧碱产能和产量年均增幅分别达到 13.7% 和 11.0%,高于国民经济增速。

2011 年,我国烧碱产量(折 100%)达 2466 万吨,同比增长 15.24%;其中,离子膜法烧碱的产量达 1497 万吨,占总产量的 60.71%。2012 年,我国烧碱产量(折 100%)达 2698.58 万吨,同比增长 3.79%。2013 年我国烧碱产量(折 100%)2854.12 万吨,同比增长 6.6%;2014 年为 3072.6 万吨,同比增长 7.7%;2015 年为 3028.1 万吨,同比下降 1.4%。

3.5 化肥工业

化肥工业已有 140 多年的历史。17 世纪初期,科学家们开始研究植物生长与土壤之间的关系。19 世纪初,德国人李比希研究植物生长与某些化学元素间的关系。他在 1840 年阐述了农作物生长所需的营养物质是从土壤里获取的,确定了氮、钙、镁、磷和钾等元素对农作物生长的意义,并预言农作物需要的营养物质将会在工厂里生产出来。不久他的预言就被证实。

3.5.1 世界化肥工业发展概况

3.5.1.1 化肥工业的萌芽期

从 19 世纪 40 年代起到第一次世界大战(1914—1918)是化肥工业的萌芽时期。那时人类企图用人工方法生产肥料,以补充或代替天然肥料。磷肥和钾肥的生产开始得比氮肥早,原因是农业耕作长期施行绿肥作物和粮食作物轮作制以及大量使用有机肥料,所以对氮肥要求不很迫切。

1840 年,李比希用稀硫酸处理骨粉,得到浆状物,其肥效比骨粉好。不久,英国人劳斯用硫酸分解磷矿制得一种固体产品,称为过磷酸钙。1842 年他在英国建了工厂,这是第一个化肥厂。

3.5.1.2 发展阶段

从 20 世纪初到 50 年代,化肥工业处于发展阶段。在这段时期里,化肥生产技术不断进步,品种增多,产量增大,并逐步成为一个工业部门。但其规模与现代的化肥工业相比则小得多。

(1)磷肥:主要用于生产过磷酸钙,此外,在欧洲的酸性土壤上广泛使用钢渣磷肥。在 20 世纪 40~50 年代,高浓度磷肥的生产技术有了突破,主要是湿法磷酸的生产工艺由原来的间歇操作改为连续操作,设备材料的腐蚀问题得到了基本解决。

(2)钾肥:继德国之后,一些国家先后发现了钾矿,其中法国于 1910 年、西班牙于 1925 年、前苏联于 1930 年、美国于 1931 年先后进行了开采。钾矿富集和精制工艺的开发成功,为提高钾肥的品位奠定了基础。

（3）氮肥：1913年，用氢气和氮气合成氨的哈伯法在德国第一次建厂，它为氮肥工业的发展开拓了道路。但是，在20世纪50年代以前，它的生产技术还不够完善，价格比较贵，多数用在工业方面，少量用来制造氮肥。第二次世界大战期间，为了制造炸药，硝酸铵得到了发展。1922年，用氨和二氧化碳为原料合成尿素的第一个工厂在德国投入了生产。所以合成氨是现代化肥工业的开端，也标志着现代化学工业的开始。

（4）复合肥料：1920年，美国氰氨公司的一个磷酸铵小生产装置投入运转；1933年，在加拿大也建成了一个生产磷酸铵的工厂。20世纪30年代初，用硝酸分解磷矿并用氨中和加工制造硝酸磷肥首先在德国建厂。

第二次世界大战（1939—1945）结束后，为了适应世界人口的迅速增长，增施化肥成为农业增产的有力措施，促进了化肥工业的大发展。1950年，世界化肥总产量（以N、P_2O_5 和 K_2O 含量计）为14.13兆吨，1980年达到124.57兆吨，以每年7%～8%的速度增长。进入20世纪80年代以后，化肥工业出现不景气，增产速度下降。

3.5.2 我国化肥工业发展概况

我国在1909年进口了少量智利硝石（硝酸钠）；1914年吉林公主岭农事试验场首先开始进行化肥的田间施用试验；20世纪30～40年代，卜内门化学工业公司向中国推销硫酸铵，农民称它为肥田粉。1935年和1937年在大连和南京先后建成了氮肥厂。1949年以后，加快了化肥工业发展速度。50年代，在吉林、兰州、太原和成都建成了4个氮肥厂。60～70年代，又先后在浙江衢州、上海吴泾和广州等地建成了20余座中型氮肥厂。1958年，侯德榜开发了合成氨原料气中二氧化碳脱除与碳酸氢铵生产的联合工艺，在上海化工研究院进行了中间试验，1962年在江苏丹阳投产成功；从此，一大批小型氮肥厂迅速建立起来，成为氮肥工业的重要组成部分。70年代中期开始，又新建了一批与日产1kt氨配套的大型尿素厂。1983年，全国氮肥产量（以N计）达到1109.4万吨。2013年全国氮肥（折含N100%）产量4927.46万吨，同比增长5.87%；2014年为4651.65万吨，同比下降5.60%；2015年为4943.8万吨，同比增加6.3%。

20世纪40年代初期，在云南昆明曾建过一个小型的过磷酸钙生产车间。1953年开始利用国产磷矿研制磷肥并在农业上推广使用。1957年，在南京年产400千吨过磷酸钙的工厂投产。此后，中小型过磷酸钙厂大批建立起来。50年代末，中国开发了高炉生产熔融钙镁磷肥的方法，并在20世纪60～70年代里建立了一大批工厂，成为中国第二个主要磷肥品种。1967年，在南京建成了一个磷酸铵生产装置，1982年在云南的一个重过磷酸钙厂投产。我国土壤学家李庆逵等从20世纪50年代初开始研究磷矿粉直接施用问题，并在南方酸性土壤上推广施用。1983年中国磷肥产量为2.666Mt（以 P_2O_5 计）。2013年全国磷肥（折 P_2O_5 100%）累计总产量1627.8万吨，同比下降1.37%；2014

年为 1669.9 万吨,同比增长 2.6%;2015 年为 2026.4 万吨,同比增长 21.4%。

3.6 石油化学工业

石油化学工业又称石油化工,指化学工业中以石油为原料生产化学品的领域,广义上也包括天然气化工。石油化工作为一个新兴工业,是 20 世纪 20 年代随石油炼制工业的发展而形成,于第二次世界大战期间成长起来的。战后,石油化工的高速发展,使大量化学品的生产从传统的以煤及农林产品为原料,转移到以石油及天然气为原料的基础上来。石油化工已成为化学工业中的基干工业,在国民经济中占有极重要的地位。

3.6.1 世界石油化工发展概况

1970 年,美国石油化学工业产品已有约 3000 种,资本主义国家所建的生产厂已约 1000 个。国际上常用乙烯和几种重要产品的产量来衡量石油化工发展水平。乙烯的生产,大多采用烃类高温裂解方法。一套典型乙烯装置,年产乙烯一般为 30 万~45 万吨,并联产丙烯、丁二烯、苯、甲苯、二甲苯等。乙烯及联产品收率因裂解原料而异。目前,这类装置已是石油化工联合企业的核心。20 世纪 70 年代以前,世界石油化工的生产基地主要分布在美国、日本及欧洲等国。1973 年后,世界原油价格不断上涨,1983 年以来又趋下跌,价格大起大落,使石油化工企业者对原料稳定、持久供应产生忧虑。发达国家改革生产结构,调整设备开工率,以适应新的经济形势。发展中国家尤其是产油国近年则在大力发展石油化工。80 年代,世界乙烯生产能力的分布已发生变化,亚非拉等发展中国家所占比例有所提高。如将东欧国家的乙烯生产能力计算在内,则这些新兴石油化工生产地区的乙烯生产能力,约占世界乙烯总生产能力的 1/4。

3.6.2 我国石油化工发展概况

我国石油化工发展起始于 20 世纪 50 年代,70 年代以后发展较快,建立了一系列大型石油化工厂及一批大型氮肥厂等,乙烯及三大合成材料有了较大增长。1986 年开始,我国石油化工企业的产值和利税已超过其他化工企业的总和,石油化工成为国民经济的主要支柱产业之一。三大合成材料,20 世纪也得到了很快的发展,20 世纪 50 年代形成了大规模生产塑料、合成橡胶和合成纤维的产业。

石油化工(简称石化)行业横跨能源采掘加工以及原材料制造两大工业门类,石化产品交通运输燃料(成品油)、三大合成材料和化肥等对经济、民生和国防影响广泛,石化产业投资强度高、工程技术密集、产品加工链长,对国家工业产值快速增长贡献率大。

2012 年我国原油加工能力和加工量继续保持世界第二,仅次于美国,形成了炼油规模超过 1000 万吨/年的 19 个千万吨炼油基地。我国原油加工量达到 4.68 亿吨,同比增加3.7%;生产成品油2.82亿吨,同比增长5.5%。乙烯产能达到1660万吨/年,乙烯生产保持世界第二(2011年全球乙烯生产能力约达到1.41亿吨,美国年产能为2759.3万吨,保持在第一位)。2012年乙烯产量为1487万吨,比2011年的1519.5万吨下降2.5%;全国丙烯产量1500万吨,比2011年的1400万吨有所增长;2012年合成树脂产能达

图1-3-4 青岛石化催化重整装置

到6000万吨/年,其中,聚乙烯产能达到1200万吨/年,聚丙烯产能达到1359万吨/年。我国石化产业共生产合成树脂5213万吨,在世界上位列前茅,与2011年的产量4798.3万吨相比,增长5.5%,但相比2011年9.3%的增速下降了接近4个百分点。2012年我国合成橡胶生产位列世界首位。在合成橡胶品种上,已实现丁苯橡胶(SBR)、顺丁橡胶(BR)、乙丙橡胶(EPR)、氯丁橡胶(CR)、丁基橡胶(IIR)、丁腈橡胶(NBR)、异戊橡胶(IR)以及苯乙烯系嵌段共聚物(SBCs)热塑性弹性体等八大合成橡胶基本胶种的商业化生产,这些通用合成橡胶目前占合成橡胶产量的80%以上。2012年我国新增合成橡胶产能114万吨/年,合成橡胶总能力达到467万吨/年(其中顺丁橡胶和丁苯橡胶产能分别为133万吨/年和159万吨/年),占全球产能的20%以上。2012年合成橡胶产量379万吨,标志着我国已经超越美国成为世界最大的合成橡胶生产国。此外,我国全年共生产化肥7432万吨,同比增长10.9%。

2013年,我国原油加工量达到4.786亿吨,同比增长3.3%,延续了原油加工量连年平稳递增的态势,原油产量2.08亿吨,同比增长1.65%;生产成品油2.96亿吨,同比增长4.4%;全年乙烯产量为1623万吨,同比增长8.5%,增速比2012年的-2.5%提高了11个百分点;全年丙烯产量为1460万吨,年均增速11%,全年丙烯的实际消费量为1710万吨,年均增速5.4%;全年生产合成树脂5837万吨,同比增长11%,增速比2012年的5.5%高出了5.5个百分点,其中聚乙烯产量为1100万吨、聚丙烯产量为1250万吨;全年生产合成橡胶409万吨,同比增长6.3%,但增幅比2012年的7.1%下滑了0.8个百分点;全年生产合成纤维3739万吨,同比增长7.1%;全年共生产化肥7154万吨(折纯),同比增长4.9%。

2014年全年原油加工量达5.02亿吨,同比增长5.3%,原油产量2.10亿吨,同比增长0.6%,成品油(汽柴煤)产量为3.17亿吨,同比增长6.9%;全年乙烯产量为1704.43万吨,同比增长5.0%;全年合成树脂产量为6950.7万吨,同比增长14%;全年合成橡胶产量532.39万吨,同比增长30.1%;全年合成纤维产量为4043.86万吨,同比增长

6.87%;全年化肥产量为 7110.25 万吨,比上年下降 0.6%。

2015 年全年原油加工量 5.22 亿吨,同比增长 3.9%,原油产量 2.15 亿吨,同比增长 2.4%,成品油(汽柴煤)产量为 3.35 亿吨,同比增长 5.7%;全年乙烯产量为 1715 万吨,同比增加 0.6%;全年合成橡胶产量 516.59 万吨,同比下降 3.0%;全年合成纤维产量为 4872 万吨,同比增长 20.47%;全年化肥产量为 7627.36 万吨,同比增长 7.3%。

作业

1. 查询现代石油和化学工业的特点。
2. 查询雾霾相关知识,你认为怎样才能告别雾霾?

任务四　认识现代石油和化学工业

学习目的及要求

理解现代化工生产的特点,掌握清洁生产国际定义,了解清洁生产、责任关怀的主要内容。树立清洁生产、责任关怀理念。认识到现代化工需要高素质技术技能型人才,学好化工责无旁贷。

学习重点

现代化工生产的特点,清洁生产、责任关怀的内涵。

学习难点

对清洁生产、责任关怀内涵的理解。

新课导入

分组讨论:通过前面4次课的学习与交流,我们认识了专业与课程、认识了化工的地位与作用、认识了化工的发展历史和现状。那么,现代石油和化学工业是什么样的? 现代石油和化学工业在做什么? 现代石油和化学工业具有哪些特征或特点? 结合前面的学习,分组讨论、交流现代石油和化学工业的特点。

4.1　现代石油和化学工业的特点

4.1.1　工业园区化

工业园区化是把大量工业企业相对集聚在一个生产区域内,配备比较完善的基础设施和高效齐全的配套服务功能,通过形成产业集群,产生集群效应,有效推动地方经济快速发展。同时,由于在规模、资源、管理、成本等方面所具备的竞争优势,有效促进企业提升效益、做大做强。简而言之,有利于优势互补,对于石油和化工企业有利于"三废"处理。

2013年以来,石化联合会园区委连续三年评选出"中国化工园区20强",并于中国化工园区发展论坛期间发布。我国已形成了一批成熟园区,产值500亿元以上,区内原料多元,产业链较完整,入驻企业水平较高,公用工程配套设施较完善且自身实现良性循环。"中国化工园区 20 强"代表着我国化工园区发展的最先进水平,20 强园区的各项指标分析能够在一定程度上反映出国内化工园区的发展趋势。

　　上海化学工业区:是以化工和精细化工为主的专业开发区,位于杭州湾北岸,距市中心 60 千米,距浦东机场和虹桥机场均约 50 千米,规划面积为 29.4 平方千米,最终向西与上海石化连线成片后,将形成近 60 平方千米的化工产业带。第一期总投资将达 1500 亿元人民币,重点发展石油化工、天然气化工以及合成新材料、精细化工等石油深加工产品。上海化学工业区的开发建设引入了世界级大型化工区的"一体化"先进理念,通过对区内产品项目、公用辅助、物流传输、环境保护和管理服务的整合,做到专业集成,投资集中、集约。英国石油化工、德国巴斯夫、德国拜耳、德国德固赛、美国亨斯迈、日本三菱瓦斯化学、日本三井等跨国公司以及苏伊士集团、荷兰孚宝、法国液化空气集团、美国普莱克斯等世界著名公用工程公司已落户区内;截止到 2004 年底,项目投资总额已达到 88.2 亿美元。

图 1-4-1　上海化学工业区

化工区的建设目标是成为亚洲最大、最集中、水平最高的世界一流石化基地之一。

　　产品项目一体化——由石脑油、乙烯等上游产品与异氰酸酯、聚碳酸酯等中游产品以及精细化工、合成材料等下游产品形成一个完整的产品链。在化工区内落户的主体项目就以上、中、下游的化工产品连成一体,实现整体规划、合理布局、有序建设。

　　公用辅助一体化——为了合理利用能源、减少消耗,根据化工区内主体项目对水、电、气等的需求总量,统一规划、集中建设,形成供水、供电、供热、供气为一体的公用工程"岛",实行区内能源的统一供给。

　　物流传输一体化——通过区内与各个化学反应装置连成一体的专用输送管网以及仓库、码头、铁路和道路等一体化的物流运输系统,将区域内的原料、能源和中间体安全、快捷地送达目的地。

　　环境保护一体化——通过在生产过程中运用环境无害化技术和清洁生产工艺,以天然气作为清洁能源,通过对废水和废弃物的统一处理,形成一体化的清洁生产环境,使化工区达到生产与生态的平衡、发展与环境的和谐。

　　管理服务一体化——为入驻化工区的业主提供政府"一门式"办公,寓管理于服务中,使来自不同国家、不同属性、不同规模的企业在化工区都能得到全面、优质的服务;同时还参照国际惯例,结合市场经济手段向各业主提供后勤"一条龙"服务,使各生产单位集中全部精力进行其核心生产活动,达到各化工装置间的高效运作。

图1-4-2 惠州大亚湾石油化学工业区

惠州大亚湾石油化学工业区:惠州大亚湾经济技术开发区于1993年5月经国务院批准成立,位于广东省惠州市南部,毗邻深圳、香港,地处华南地区经济最发达、最具活力的珠三角经济区。开发区管辖陆地面积289平方千米,海域面积1300平方千米。惠州大亚湾石油化学工业区(以下简称"石化区")位于开发区东部,南临南海大亚湾。自2001年开发建设以来,炼油、乙烯项目顺利投产,石化中下游产业链发展态势良好,已成为惠州市经济发展的主要推动因素和广东省沿海石化产业带的重要组成部分。石化区规划面积65平方千米,已被广东省政府列为五个重点发展的石油化工基地之一,并于2005年4月被中国石油和化工协会授予"中国石油化学工业(大亚湾)园区"牌匾,2011年5月被中国石油和化学工业联合会、中国化工环保协会联合授予"十一五全国石油和化学工业环境保护先进单位"称号,2011年6月被广东省经信委认定为"广东省首批循环经济工业园",2012年被列为"国家首个石化区环境应急管理示范区试点单位",2012年3月启动全国首个安全生产应急管理创新试点,2013年获"中国化工园区20强"荣誉称号,综合实力排名全国第4位。

工业区争取到2020年,经过一系列规划项目的实施和开发建设,总体规模达到炼油4000万吨/年、乙烯350万吨/年、芳烃200万吨/年,将石化区建设成为以炼油、石化深加工为主,精细化工为辅,物流及公用工程配套齐全的生态工业园区。促进珠三角地区石化产业跨越式发展的同时,实现地方经济发展腾飞,并形成可持续发展能力,打造世界级高端石化工业基地。

南京化学工业园:位于南京市六合区,是国家级化学工业园区,是继上海之后的中国第二家重点石油化工基地,近期规划面积45平方千米,远期规划面积100平方千米。化工园区将按照"世界一流,中国第一"的标准,以乙烯、醋酸、氯化工为三大支柱产业,与世界石化巨头开展深度合作。

图1-4-3 南京化学工业园

南京化学工业园重点发展石油化工、基本有机化工原料、精细化工、高分子材料、新型化工材料、生命医药项目。南京化学工业园是新世纪南京经济建设的重点工程,也是中国石化集团重点发展的化学工业基地之一。

4.1.2 大型化

图 1-4-4 海晶化工聚合装置

生产规模的大型化是一个重要的特点和发展趋势。因为生产规模是决定化工过程经济效益的一个重要影响因素,通常在某一极限的规模范围内,对于大部分化工厂,单位年生产能力的投资及生产成本,随着生产规模的增加而减小。

装置规模增大,其单位容积、单位时间的产出率随之显著增大,有利于降低产品成本,提高能量综合利用率,并提高产品质量。

如青岛的一期 1000 万吨/年炼油项目是我国批准建设的第一个单系列千万吨级炼油项目,是中国石化调整国内炼化产业布局、打造环渤海湾炼化产业集群的重大战略项目。青岛海晶化工 PVC 聚合釜,从 $1m^3$、$2m^3$、$5m^3$、$45m^3$ 发展到目前董家口新装置为 46.6 m^3,产量高,质量均匀,成本低,便于自动控制。

4.1.3 智能化

图 1-4-6 工作人员演示九江石化智能
工厂三维数字化平台

党的十八届五中全会提出了"创新、协调、绿色、开放、共享"五大发展理念,并强调构建产业新体系,加快建设制造强国,实施《中国制造 2025》,实施工业强基工程,这对于引领"十三五"时期经济社会发展,具有重大指导意义。"中国制造 2025"提出的目的是推动制造业转型升级,智能制造是主攻方向之一。

工信部 2015 年启动实施了"智能制造试点示范专项行动",包括九江石化在内的 46 家智能制造企业成为工信部首批试点示范企业。智能制造能够增强企业核心竞争力,可以提升危化品的安全生产水平;同时,能够促进协同创新,提升中国制造整体水平。九江石化在智能化改造过程中,国产装备的比例达到了 95% 以上。智能装备与流程工业的协同创新,将切实提升中国制造业的整体发展水平。

据中国石化集团公司总经济师、股份公司副总裁雷典武介绍,中国石化将全面落实国家"中国制造2025"、"互联网+""促进大数据发展"等行动计划,以"智能制造"为主攻方向,在完善提升现有4家智能工厂试点的基础上,打造智能工厂升级版并扩大试点示范范围,同步推进智能油田、智能管网、智能物流、智能服务建设,推动生产方式、商业模式、服务模式的创新,建立集约化、一体化的经营管理新模式和数字化、网络化、智能化的生产运营新模式,构建以客户为中心、互联网为载体的石化商业新业态。

中国石化智能工厂试点成效明显。中国石化通过智能工厂建设,推动了企业生产方式、管控模式变革,提高了安全环保、节能减排、降本增效、绿色低碳水平,促进了劳动效率和生产效益提升。中国石化九江石化、镇海炼化、燕山石化和茂名石化4家试点企业的先进控制投用率、生产数据自动数采率分别提升了10%、20%,均达到

图 1-4-5　镇海炼化 100 万吨乙烯中央控制室

了90%以上,外排污染源自动监控率达到100%,建立了数字化、自动化、智能化的生产运营管理新模式,生产优化从局部优化、离线优化逐步提升为一体化优化、在线优化,劳动生产率提高10%以上,提质增效作用明显,促进了集约型内涵式发展。

4.1.4　精细化

精细化不仅指生产小批量的化工产品,更主要的是指技术含量高、附加值高的具有优异性能或功能的并能满足市场需求的产品;当然,也表现在化学工艺和化学工程的精细化,如已能在原子水平上进行化学品的合成,使化工生产更加先进、高效、节能、绿色化。

清洁生产和责任关怀后面待述。

精细化生产还具有以下特点:

综合化——化工生产存在着不同形式的纵向和横向关系。生产过程的综合化既可以使资源和能源得到充分、合理的利用,就地将副产物和"废料"转化成有用的产品,减少废物排放;如海湾集团董家口化工基地项目产品链,石油炼制和石油化工一体化——炼化一体化等。

更加注重节能——由于化学反应过程伴随着能量的传递和转换,必须消耗能量,所以化工是耗能大户,合理用能和节能显得尤为重要,许多生产过程的先进性体现在采用了低能耗工艺或节能工艺。那些能耗大的方法或工艺已经或即将淘汰。例如,聚氯乙烯生产的电石乙炔法,乙炔由耗电量很大的电石法获得并产生大量废渣,必将被能耗低的乙烯氧氯化法所取代;同样,食盐电解也因石棉隔膜法能耗高、生产效率低已被先进的

离子膜法所取代;其他如膜分离技术、生物催化、光催化和电化学合成等具有提高生产效率和节约能源的新方法、新过程的开发和应用都得到高度重视。

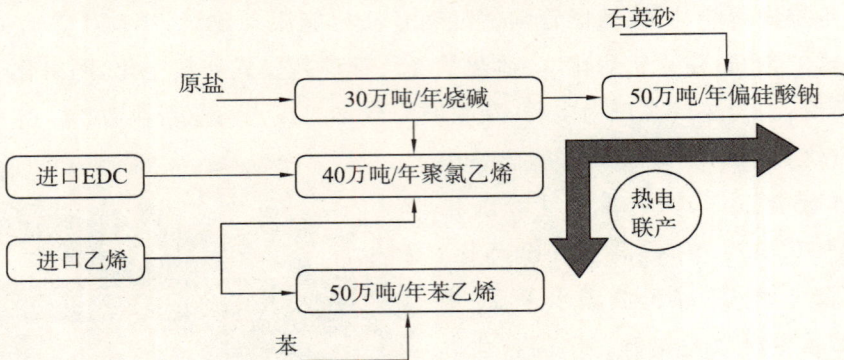

图 1-4-7 青岛海湾集团董家口化学工业基地项目产品链

更加注重安全——化工生产确实具有易燃、易爆、有毒、高温、高压、腐蚀性强等特点,工艺过程多变,不安全因素多,如不严格按工艺规程操作,就容易发生事故。但只要采用安全的生产工艺,有可靠的安全技术保障、严格的规章制度及监督机制,事故是完全能够避免的。尤其是连续性的大型化工装置,要发挥现代化生产的优越性,确保高效、经济地生产,就必须高度重视安全,使装置能够长期、连续地安全运行,在校期间我们特开设化工安全技术课程。

技术资金密集——现代石油和化学工业已迈向高度自动化和机械化,正朝着智能化方向发展。越来越多地依靠高新技术并迅速将科研成果转化为生产力,如生物与化学工程、微电子与化学、材料与化工等多学科的相互结合,创造出了许多优良的新物质、新材料;计算机技术的发展,已经使化工生产实现了远程自动控制。现代石油和化学工业尽管装备复杂、生产流程长、技术要求高、建设投资大,但产值高、成本低、利润高,所以说化工行业是技术和资金密集型行业,需要高水平、有创造性和开拓能力的多种学科不同专业的技术专家,还需要受过良好教育和训练、懂得生产技术的操作和管理人员!

原料路线、生产方法和产品品种的多方案性与复杂性——同一原料可生产出不同的产品。例如,氯化钠可以用来生产碳酸钠(氨碱法),又可以生产氢氧化钠(电解);又如,乙烯为原料可以生产多种化工产品,氧化得到乙醛,水合得到乙醇,聚合得到我们家家都在用的保鲜膜的原料——聚乙烯(PE)。同一产品可采用不同的原料、不同的方法和工艺路线来生产,如聚氯乙烯电石法也可以采用乙烯氧氯化法。

由于这些多方案性,化工可以为我们提供越来越多的新物质、新材料和新能源。当然,多数化工产品的生产过程是很复杂的,并非都像人们常说的是"一层窗户纸,一捅就破",往往是多步骤,并且影响因素很多,生产技术和过程控制技术也很复杂,因此,我们化工是有相当技术含量的,不是简单的重复劳动。学化工就是学技术,是学真本事!

以上是现代石油和化学工业的特点,应该说前景非常好!正如人们所说的——现代化工、工作轻松、待遇给力!但为什么如今人们还是不喜欢化工呢?原因可能是多方面的,一是近几年的"爆炸"事件造成了人们对化工的恐慌,二是近几年的食品安全事件、环境问题都"降罪"于化工,三是传统化工给人们留下了不好的印象,四是易燃易爆、有毒有害的化工属性带给人们的恐惧。

【分组讨论】

科学治霾之利器。(采用无毒无害的清洁生产工艺,生产环境友好的产品,大力发展绿色化工,是化学工业可持续发展的关键之一!)

4.2 清洁生产

4.2.1 清洁生产的产生

环境问题自古一直伴随着人类文明的进程,但近代开始趋于严重。尤其是在 20 世纪,随着科技与生产力水平的提高,人类干预自然的能力大大增强,社会财富迅速膨胀,环境污染日益严重。世界上许多国家因经济高速发展而造成了严重的环境污染和生态破坏,并导致了一系列举世震惊的环境公害事件。到了 20 世纪 80 年代后期,环境问题已由局部性、区域性发展成为全球性的生态危机,如酸雨、臭氧层破坏、温室效应(气候变暖)、生物多样性锐减、森林破坏等,成为危及人类生存的最大隐患。

20 世纪 60 年代,工业化国家开始通过各种方法和技术对生产过程中产生的废弃物和污染物进行处理,以减少其排放量,减轻对环境的危害,这就是所谓的"末端治理"。同时,末端治理的思想和做法也逐渐渗透到环境管理和政府的政策法规中。随着末端治理措施的广泛应用,人们发现末端治理并不是一个真正的解决方案。很多情况下,末端治理需要投入昂贵的设备费用、惊人的维护开支和最终处理费用,其工作本身还要消耗资源、能源,并且这种处理方式会使污染在空间和时间上发生转移而产生二次污染。人类为治理污染付出了高昂而沉重的代价,收效却并不理想。因此,从 70 年代开始,发达国家的一些企业相继尝试运用如"污染预防""废物最小化""减废技术""源削减""零排放技术""零废物生产"和"环境友好技术"等方法和措施来提高生产过程中的资源利用效率、削减污染物以减轻对环境和公众的危害。这些实践取得了良好的环境效益和经济效益,使人们认识到革新工艺过程及产品的重要性。在总结工业污染防治理论和实践的基础上,联合国环境规划署(1973 年成立,United Nations Environment Programme,简称 UNEP)于 1989 年 5 月首次提出清洁生产的概念,并制订了推行清洁生产的行动计划,1990 年 10 月正式提出清洁生产计划。

1992 年 6 月，"联合国环境与发展大会"在巴西里约热内卢举行，会议通过了两个重要文件——《环境与发展宣言》《21 世纪议程》，标志着人类可持续发展的一个重要里程碑。会议号召世界各国在促进经济发展的进程中，不仅要关注发展的数量和速度，而且要重视发展的质量和持久性。大会呼吁各国调整生产和消费结构，广泛应用环境无害技术和清洁生产方式，节约资源和能源，减少废物排放，实施可持续发展战略。清洁生产正式写入《21 世纪议程》，并成为通过预防来实现工业可持续发展的专用术语，从此清洁生产在全球范围内逐步推行。

清洁生产是国际社会在总结工业污染治理经验教训的基础上提出的一种新型污染预防和控制战略，随着清洁生产实践的不断深入，其定义一再更新，其内容又逐步扩展到服务业、农业、产品、消费等方面，其原则和方法已经融合到环境保护和经济发展的各个方面，不仅广泛应用于废水、废气、固体废物的污染防治，而且还延伸到技术改造、生产管理、经济结构调整、环保产业、环境贸易和法制建设等领域，并开始探索建立"循环经济"和"循环社会"等。

4.2.2 清洁生产的国际定义

清洁生产是指将综合预防的环境保护策略持续应用于生产过程和产品中，以期减少对人类和环境的风险。

清洁生产的定义涉及两个过程控制，即生产过程和产品整个生命周期全过程。

对生产过程而言，清洁生产包括节约原材料和能源，淘汰有毒有害的原材料，并在全部排放物和废物离开生产过程以前，尽最大可能减少它们的排放量和毒性。

对产品而言，清洁生产旨在减少产品整个生命周期过程中从原料的提取到产品的最终处置对人类和环境的影响。

1996 年 UNEP 对清洁生产重新定义：清洁生产是一种新的创造性的思想，该思想是将整体预防的环境战略持续应用于生产过程、产品和服务中，以增加生态效益和减少人类及环境的风险。

——对生产过程，要求节约原料和能源，淘汰有毒原材料，削减所有废物的数量和毒性。

——对产品，要求减少从原材料提炼到产品最终处置的全生命周期的不利影响。

——对服务，要求将环境因素纳入设计和所提供的服务中。

4.2.3 我国对清洁生产的定义

1994 年 3 月 25 日，国务院第 16 次常务会议讨论通过了《中国 21 世纪议程》，把建立资源节约型工业生产体系和推行清洁生产列入了可持续发展战略与重大行动计划中，清洁生产被列入了第一批优先项目计划。清洁生产是指既可满足人们的需要,又可合理使用自然资源和能源并保护环境的实用生产方法和措施,其实质是一种物料和能耗最少的人类生产活动的规划和管理,将废物减量化、资源化和无害化或消灭于生产过程之中,同时对人体和环境无害的绿色产品的生产亦将随着可持续发展过程的深入而日益成为今后产品生产的主导方向。

2002 年 6 月发布、2003 年 1 月 1 日起实施的《中华人民共和国清洁生产促进法》中明确指出:清洁生产是指不断采取改进设计、使用清洁的能源和原料、采用先进的工业技术和设备、改善管理、综合利用等措施,从源头削减污染,提高资源利用效率,减少或者避免生产、服务和产品使用过程中污染物的产生和排放,以减轻或者消除对人类健康和环境的影响。

清洁生产是关于产品和生产过程预防污染的一种全新战略。它综合考虑了生产和消费过程的环境风险(资源和环境容量)、成本和经济效益,是社会经济发展和环境保护对策演变到一定阶段的必然结果。与以往不同的是,清洁生产突破了过去以末端治理为主的环境保护对策的局限,将污染预防纳入到产品设计、生产过程和所提供的服务之中,是实现经济与环境协调发展的重要手段。2000 年在加拿大蒙特利尔召开的国际清洁生产高层研讨会提出:清洁生产已经成为技术进步的推动者、改善管理的催化剂、革新者的典范、连接工业化和可持续发展的桥梁。推行清洁生产的特点在于揭示传统生产技术与管理的缺陷和不足,针对生产全过程,不断提高资源、能源利用效率,采取改造、替代、淘汰和科学管理等方法,谋求实现以最小的资源环境代价,获取最大的社会经济效益。推行清洁生产的侧重点是强调更加"清洁"的、更加科学合理的生产,特别要求在社会经济发展过程中转变生产和消费方式,通过持续的改进以达到节能、降耗、减污和增效的目的。推行清洁生产不仅是某个部门或某个工业领域的责任,而且是国民经济的整体战略部署,需要转变传统的发展观念,建立新的生产与消费方式,实现一场新的产业革命。

从联合国环境规划署所给出的定义中,可以看出清洁生产不包括末端治理技术,如空气污染控制、废水处理、固体废弃物焚烧或填埋。清洁生产是通过应用专门技术,改进工艺技术和改变管理态度来实现的。

清洁生产思考方法与以前不同,过去考虑对环境的影响时,把注意力集中在污染物产生之后如何处理,以减小对环境的危害,而清洁生产则是要求把污染物消除在它产生之前。

狭义:具体技术,如前所述硫酸工业、纯碱工业、氯碱工业等生产过程中采用的具体清洁生产技术。

广义:一种思想方法,一门综合科学(哲学、经济学、环境科学、企业管理学、生产工艺学等)。

清洁生产的最大特点是持续不断的改进。清洁生产是一个相对的、动态的概念。所谓清洁的工艺技术、生产过程和清洁产品是和现有的工艺和产品相比较而言的。推行清洁生产,本身是一个不断完善的过程,随着社会经济发展和科学技术的进步,需要适时地提出新的目标,争取达到更高的水平。

4.2.4　清洁生产的主要内容

4.2.4.1　清洁的能源

清洁及高效的能源和原材料利用。清洁利用矿物燃料,加速以节能为重点的技术进步和技术改造,提高能源和原材料的利用效率。采用各种方法对常规的能源清洁利用,如清洁煤技术的应用、城市煤气化供气、对沼气等再生能源的利用等。新能源的开发以及各种节能技术的开发利用,如风能、太阳能、地热能、海洋能等。

（1）光伏发电:光伏发电是利用半导体界面的光生伏特效应而将光能直接转变为电能的一种技术。这种技术的关键元件是太阳能电池。太阳能电池经过串联后进行封装保护可形成大面积的太阳能电池组件,再配合上功率控制器等部件就形成了光伏发电装置。

图 1-4-8　光伏发电

图 1-4-9　光热发电

（2）光热发电:太阳能光热发电是指利用大规模阵列抛物或碟形镜面收集太阳热能,通过换热装置提供蒸汽,结合传统汽轮发电机的工艺,从而达到发电的目的。采用太阳能光热发电技术,避免了昂贵的硅晶光电转换工艺,可以大大降低太阳能发电的成本。而且,这种形式的太阳能利用还有一个其他形式的太阳能转换所无法比拟的优势,即太阳能所烧热的水可以储存在巨大的容器中,在太阳落山后几个小时仍然能够带动汽轮发电。

（3）风力发电：把风的动能转变成机械能，再把机械能转化为电力动能，这就是风力发电。风力发电的原理，是利用风力带动风车叶片旋转，再透过增速机将旋转的速度提升来促使发电机发电。依据目前的风车技术，大约是每秒三米的微风速度（微风的程度）便可以开始发电。风力发电正在世界上形成一股热潮，因为风力发电不需要使用燃料，也不会产生辐射或空气污染。

图 1-4-10　风力发电

（4）水能：我国水能资源理论蕴藏量近 7 亿千瓦，占我国常规能源资源量的 40%。其中，经济可开发容量近 3.78 亿千瓦，年发电量约 1.92 亿千瓦时，是世界上水能资源总量最多的国家。水力发电利用的水能主要是蕴藏于水体中的位能。为实现将水能转换为电能，需要兴建不同类型的水电站。水力发电的基本原理是利用水位落差，配合水轮发电机产生电力，也就是将水的势能转为水轮的机械能，再以机械能推动发电机，而得到电力。

图 1-4-11　水力发电

（5）生物质能：生物质是太阳能最主要的吸收器和储存器。太阳能照射到地球后，一部分转化为热能，一部分被植物吸收，转化为生物质能；由于转化为热能的太阳能能量密度很低，不容易收集，只有少量能被人类所利用，其他大部分存于大气和地球中的其他物质中；生物质通过光合作用，能够把太阳能富集起来，储存在有机物中，这

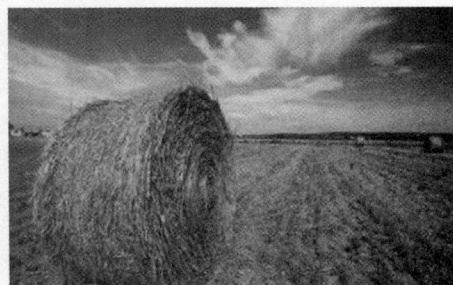

图 1-4-12　生物质能

些能量是人类发展所需能源的源泉和基础。基于这一独特的形成过程，生物质能既不同于常规的矿物能源，又别于其他新能源，兼有两者的特点和优势，是人类最主要的可再生能源之一。一直是人类赖以生存的重要能源，是仅次于煤炭、石油和天然气而居于世界能源消费总量第四位的能源，在整个能源系统中占有重要地位。有关专家估计，生物质能极有可能成为未来可持续能源系统的组成部分，到 21 世纪中叶，采用新技术生产的各种生物质替代燃料将占全球总能耗的 40% 以上。

（6）地热能：地热能是一种新的洁净能源，大部分是来自地球深处的可再生性热能，它源于地球的熔融岩浆和放射性物质的衰变;还有一小部分能量来至太阳,大约占总的地热能的5%。

图1-4-13 地热能

从直接利用地热的规模来说,最常用的是地热水淋浴,占总利用量的1/3以上;其次是地热水养殖和种植,约占20%,地热采暖约占13%,地热能工业利用约占2%。利用地热能,占地很少,无废渣、粉尘污染,用后的弃(尾)水既可综合利用,又可回注到地下储层,达到增加压力、保护储层、保护地热资源的双重目的。

地热发电是利用地下热水和蒸汽为动力源的一种新型发电技术。其基本原理与火力发电类似,也是根据能量转换原理,首先把地热能转换为机械能,再把机械能转换为电能。

(7)海洋能:海洋能是一种蕴藏在海洋中的可再生能源,包括潮汐能、波浪能和热能。海洋能同时也涉及一个更广的范畴,包括海面上空的风能、海水表面的太阳能和海里的生物质能。潮汐的发生是地球受月球和太阳引力的影响而引起的涨潮时海水向岸边冲去,落潮时又退回海中,每天有规律地往复运动。受海岸、港湾地形的影响,海面的高度在高潮和低潮时有很大差别。例如,杭州湾潮差高达8.93米,是我国潮差最大的地方。潮汐的涨落是海水在作大规模的流动,其中蕴含着巨大能量,既可以用来推动机械装置,又可以用来发电。

图1-4-14 海洋能

4.2.4.2 清洁的生产过程

尽量少用和不用有毒有害的原料;采用无毒、无害的中间产品;选用少废、无废工艺和高效设备;尽量减少生产过程中的各种危险性因素,如高温、高压、低温、低压、易燃、易爆、强噪声、强振动等;采用可靠和简单的生产操作和控制方法;对物料进行内部循环利用;完善生产管理,不断提高科学管理水平。

4.2.4.3 清洁的产品

产品设计应考虑节约原材料和能源,少用昂贵和稀缺的原料;产品在使用过程中以及使用后不含危害人体健康和破坏生态环境的因素;产品的包装合理;产品使用后易于回收、重复使用和再生;使用寿命和使用功能合理。

在联合国环境规划署的支持下,1994 年底我国成立了"国家清洁生产中心",继后全国陆续成立了一批行业清洁生产中心和地方清洁生产中心,如化工清洁生产中心、山东省清洁生产中心、青岛市清洁生产中心等,这些中心都为推动清洁生产发挥了巨大作用。

4.2.5 实施清洁生产的途径和方法

实施清洁生产的主要途径和方法包括合理布局、产品设计、原料选择、工艺改革、节约能源与原材料、资源综合利用、技术进步、加强管理、实施生命周期评估等许多方面,可以归纳如下。

(1) 合理布局,调整和优化经济结构和产业产品结构,以解决影响环境的"结构型"污染和资源能源的浪费。同时,在科学区划和地区合理布局方面,进行生产力的科学配置,组织合理的工业生态链,建立优化的产业结构体系,以实现资源、能源和物料的闭合循环,并在区域内削减和消除废物。

(2) 在产品设计和原料选择时,优先选择无毒、低毒、少污染的原辅材料替代原有毒性较大的原辅材料,以防止原料及产品对人类和环境的危害。

(3) 改革生产工艺,开发新的工艺技术,采用和更新生产设备,淘汰陈旧设备。采用能够使资源和能源利用率高、原材料转化率高、污染物产生量少的新工艺和设备,代替那些资源浪费大、污染严重的落后工艺设备。优化生产程序,减少生产过程中资源浪费和污染物的产生,尽最大努力实现少废或无废生产。

(4) 节约能源和原材料,提高资源利用水平,做到物尽其用。通过资源、原材料的节约和合理利用,使原材料中的所有组分通过生产过程尽可能地转化为产品,消除废物的产生,实现清洁生产。

(5) 开展资源综合利用,尽可能多地采用物料循环利用系统,如水的循环利用及重复利用,以达到节约资源、减少排污的目的。使废弃物资源化、减量化和无害化,减少污染物排放。

(6) 依靠科技进步,提高企业技术创新能力,开发、示范和推广无废、少废的清洁生产技术装备。加快企业技术改造步伐,提高工艺技术装备和水平,通过重点技术进步项目(工程),实施清洁生产方案。

(7) 强化科学管理,改进操作。国内外的实践表明,工业污染有相当一部分是由于生产过程管理不善造成的,只要改进操作,改善管理,不需花费很大的经济代价,便可获得明显的削减废物和减少污染的效果。主要方法是:落实岗位和目标责任制,杜绝跑冒滴漏,防止生产事故,使人为的资源浪费和污染排放减至最小;加强设备管理,提高设备完好率和运行率;开展物料、能量流程审核;科学安排生产进度,改进操作程序;组织安全文明生产,把绿色文明渗透到企业文化之中等等。推行清洁生产的过程也是加强生产管理的过程,它在很大程度上丰富和完善了工业生产管理的内涵。

(8) 开发、生产对环境无害、低害的清洁产品。从产品抓起,将环保因素预防性地注入产品设计之中,并考虑其整个生命周期对环境的影响。这些途径可单独实施,也可互相组合起来加以综合实施。应采用系统工程的思想和方法,以资源利用率高、污染物产生量小为目标,综合推进这些工作,并使推行清洁生产与企业开展的其他工作相互促进,相得益彰。

4.2.6 清洁生产的目标

清洁生产的基本目标就是提高资源利用效率,减少和避免污染物的产生,保护和改善环境,保障人体健康,促进经济与社会的可持续发展。

对于企业来说,应改善生产过程管理,提高生产效率,减少资源和能源的浪费,限制污染排放,推行原材料和能源的循环利用,替换和更新导致严重污染、落后的生产流程、技术和设备,开发清洁产品,鼓励绿色消费。

引入清洁生产方式应是实现这些目标的关键,但是当末端治理方案构成合理对策的一部分时,也应当加以采用。

从更高的层次来看,应当根据可持续发展的原则来规划、设计和管理生产,包括工业结构、增长率和工业布局等内容;应采用清洁生产理念开展技术创新和攻关,为解决资源有限性和未来日益增长的原材料和能源需求提供解决途径;应建立推行清洁生产的合理管理体系,包括改善有关的实用技术,建立人力培训规划机制,开展国际科技交流合作,建立有关的信息数据库;最终要通过实施清洁生产,提高全民对清洁生产的认识,最终实现可持续发展的目标。

还应当说明,从清洁生产自身的特点看,清洁生产是一个相对的概念,是个持续不断的过程、创新的过程。

4.2.7 我国清洁生产的实施

20 世纪 70 年代,我国在开展环境保护工作时,一开始便将预防为主、防治结合作为防治工业污染的方针和政策。1978 年将"防治污染和其他公害"写进《宪法》(第 11 条)。在 1979 年制定《环境保护法(试行)》时,将防治污染和其他公害作为立法指导思想之一,并且为之规定了环境影响评价和"三同时"制度以及防止自然资源破坏的措施,提出"预防为主,防治结合"。

20世纪80年代,随着环境问题的日益严重,我国明确了"预防为主,防治结合"的环境政策,技术改造——将"三废"排放减少到最小限度;这个时期人们已认识到清洁生产在环境保护中的重要性,但限于当时的技术水平和资金,加之原来不合理产业结构的制约,使得这一政策的作用并没有完全发挥出来。

1983年,国务院召开了第二次全国环境保护会议,将环境保护确立为基本国策。制定经济建设、城乡建设和环境建设同步规划、同步实施、同步发展,实现经济效益、社会效益、环境效益相统一的指导方针,实行"预防为主,防治结合""谁污染,谁治理"和"强化环境管理"三大政策。1985年我国又提出了"持续、稳定、协调发展"的方针,在总结了我国环境保护工作和经济建设中的经验教训后,初步提出了持续发展的思想。1985~1986年,全国举行过两次少费无费工艺研讨会。

1990年和1992年,派员参加国际研讨会,1992年在浙江和福建举行了两次清洁生产研讨会。国家经贸委和国家环保总局于1993年联合召开了第二次全国工业污染防治工作会议,会议明确提出了工业污染防治必须从单纯的末端治理向生产全过程转变,实行清洁生产。

自1993年,我国开始逐步推行清洁生产工作。在联合国环境规划署、世界银行的援助和许多外国专家的协助下,我国启动和实施了一系列推进清洁生产的项目,清洁生产从概念、理论到实践在我国广为传播。

1994年3月,清洁生产被列入《中国21世纪议程》第一批优先项目计划;1995年5月、9月,先后在北京、上海举行国际清洁生产与经济效益高级研讨会;1996年,国务院《关于环境保护若干问题的决定》;1997年4月,国家环保局制定并发布《关于推进清洁生产的若干意见》;1998年9月,汉城,首批签约《国际清洁生产宣言》;1999年3月,全国人大五届二次会议上的《政府工作报告》中,"鼓励清洁生产的";1999年5月,国家经贸委批准,10座示范试点城市(北京、上海、天津、重庆、沈阳、太原、济南、昆明、兰州、阜阳)、5个示范试点行业(石化、冶金、化工、轻工、船舶);2000年,国家经贸委发布《国家重点行业清洁生产技术导向目录》;2001年7月,《中华人民共和国清洁生产法》征求意见稿出台;2003年1月1日,《中华人民共和国清洁生产促进法》开始实施;2003年4月,发布石油炼制业等3个行业清洁生产标准;2003年12月,出台《关于加快推行清洁生产的意见》;2004年8月,出台《清洁生产审核暂行办法》;2005年12月,发布《国务院关于落实科学发展观加强环境保护的决定》《重点企业清洁生产审核程序的规定》;2006年7月,继续批准并发布了8个行业的清洁生产标准;2008年7月,发布《关于进一步加强重点企业清洁生产审核工作的通知》《重点企业清洁生产审核评估、验收实施指南(试行)》;

2008 年 9 月,发布《国家先进污染防治技术示范名录》《国家鼓励发展的环境保护技术目录》;2009 年 9 月,发布《国务院批转发展改革委等部门关于抑制部分行业产能过剩和重复建设引导产业健康发展若干意见的通知》;2010 年 4 月,发布《关于深入推进重点企业清洁生产的通知》;2010 年 9 月,公告了第 1 批实施清洁生产审核并通过评估验收的重点企业名单;2010 年 12 月,公告了第 2 批实施清洁生产审核并通过评估验收的重点企业名单;2011 年 7 月,公告了第 3 批实施清洁生产审核并通过评估验收的重点企业名单;2012 年 2 月,《全国人民代表大会常务委员会关于修改〈中华人民共和国清洁生产促进法〉的决定》,自 2012 年 7 月 1 日起施行;2013 年 9 月,国务院发布《大气污染防治行动计划》(大气十条);2014 年 4 月,《中华人民共和国环境保护法》(2015 新版)发布。

【拓展】

1. 地球一小时

"地球一小时"是一个全球性节能活动,提倡于每年三月的最后一个星期六当地时间晚上 20:30,家庭及商界用户关上不必要的电灯及耗电产品一小时。该活动最初由环保团体世界自然基金会澳洲及《悉尼晨锋报》合作发起,并于澳洲悉尼当地时间 2007 年 3 月 31 日,晚上 8:30 至 9:30 期间举行了第一次活动,希望借此活动推动电源管理,减少能源消耗,唤起人们以实际行动应对全球变暖的意识。2008 年,该活动被推广到世界各地,全球 40 多个城市,近 380 个城镇接力执行该活动。"每节约一度电,可减少 1 千克二氧化碳和 0.03 千克二氧化硫的排放。"

2. 世界地球日

世界地球日在每年的 4 月 22 日,是一项世界性的环境保护活动。该活动最初在 1970 年的美国由盖洛德·尼尔森和丹尼斯·海斯发起,随后影响越来越大。活动旨在唤起人类爱护地球、保护家园的意识,促进资源开发与环境保护的协调发展,进而改善地球的整体环境。世界地球日没有国际统一的特定主题,它的总主题始终是"只有一个地球";面对日益恶化的地球生态环境,我们每个人都有义务行动起来,用自己的行动来保护我们生存的家园。20 世纪 90 年代以来,我国社会各界每年 4 月 22 日都要举办"世界地球日"活动。目前最主要的活动是由中国地质学会、国土资源部组织的纪念活动。每年中国纪念"世界地球日",都要确定一个主题。

3. 世界环境日

1972 年 6 月 5 日,联合国在瑞典首都斯德哥尔摩举行首次人类环境会议,通过了著名的《人类环境宣言》及保护全球环境的"行动计划"。同年 10 月,第 27 届联大根据斯德哥尔摩会议的建议,决定成立联合国环境规划署,并正式将 6 月 5 日定为"世界环境日"。从 1974 年起,联合国环境规划署每年都为世界环境日确立一个主题,并展开相关的宣传活动。联合国环境规划署每年 6 月 5 日选择一个成员国举行"世界环境日"纪念活动,发表《环境现状的年度报告书》及表彰"全球 500 佳",并根据当年的世界主要环境问题及环境热点,有针对性地制定每年的"世界环境日"主题。我国从 1985 年 6 月 5 日开始举办纪念世界环境日的活动。

4.全国低碳日

2010 年 1 月,在"低碳中国论坛"年会上有关学者首次提出了设立"全国低碳日"的倡议。2011 年,国家信访局接到有关学者关于设立"全国低碳日"或"全国低碳周"的建议函。根据国务院领导同志批示精神,国务院法制办和发展改革委经过认真研究,并协调多个部门的意见,以国家发展和改革委员会的名义向国务院提出了设立"全国低碳日"的建议。设立"全国低碳日"的目的是普及气候变化知识,树立低碳发展理念,推动落实控制温室气体排放目标和应对气候变化各项任务。据发展改革委介绍,"全国低碳日"活动的安排,将突出气候变化问题的特点,注重普及气候变化的科学知识,宣传绿色低碳发展的理念;通过开展宣传教育活动,讲清楚能源优化开发、能源节约使用、温室气体排放控制之间的相互关系,促进各项工作的统筹协调;坚持"以人为本"的理念,加强适应气候变化和防灾减灾的宣传教育。经研究,决定 2013 年 6 月 15 日至 21 日为全国节能宣传周,2013 年 6 月 17 日是第 1 个全国低碳日,2014 年 6 月 10 日是第 2 个全国低碳日,2015 年 6 月 15 日是第 3 个全国低碳日。

5.碳交易

根据《京都议定书》规定,发达国家如果要增加气体排放量,就必须向发展中国家购买减排指标。据此,发展中国家可以与发达国家进行二氧化碳等 6 种温室气体排放交易,通过这种交易获得发达国家在技术和资金上的帮助,以逐步减少气体排放量。

欧洲碳基金(European Carbon Fund)是由多家国际著名金融机构于 2005 年 4 月投资设立的专门基金,在全球范围投资温室气体减排项目。

CDM(清洁发展机制项目):清洁发展机制的设立具有双重目的:促进发展中国家的可持续发展和为实现公约的最终目标做出贡献;协助发达国家缔约方实现其在《京都议定书》第三条之下量化的温室气体减限排承诺。通过参与清洁发展机制项目,发达国家的政府可以获得项目产生的全部或者部分经核证的减排量(CERs),并用于履行其在《京都议定书》下的温室气体减限排义务。

2009 年 2 月 23 日,青岛市开发区青岛恒源热电有限公司循环水供热工程获得国家发改委清洁发展机制(CDM)项目批复,这是青岛市首个清洁发展机制(CDM)项目。该项目总投资 3184 万元人民币。项目建成后,除项目自身收入外,年可实现温室气体减排量 3.8 万吨二氧化碳当量,实现碳交易收入超过 200 万元人民币,同时可减少制备除盐水所需的原水,可节约当地的水资源。

对于发达国家的企业而言,获得的 CERs 可以用于履行其在国内的温室气体减限排义务,也可以在相关的市场上出售获得经济收益。由于获得 CERs 的成本远低于其采取国内减排行动的成本,发达国家政府和企业通过参加清洁发展机制项目可以大幅度降低其实现减排义务的经济成本。对于发展中国家而言,通过参加清洁发展机制项目合作可以获得额外的资金和/或先进的环境友好技术,从而可以促进本国的可持续发展。因此,清洁发展机制是一种"双赢"的机制。清洁发展机制合作也可以降低全球实现温室气体减排的总体经济成本。

作业

1. 分组查询苏丹红事件、三聚氰胺事件、PX 事件,事件的背后说明了什么,应如何避免?

2. 化学的神秘和伟大之处在于能够创造新的物质,如何实现从原料到产品这一过程? 其中要经历哪些阶段?

4.3 责任关怀

新课导入

分组讨论、交流上次作业。

【资料】

1. 苏丹红事件

2005 年 2 月 18 日,英国最大的食品制造商的产品中发现了被欧盟禁用的"苏丹红 1号"色素,下架食品达到 500 多种。国家质量监督检验检疫总局(以下简称国家质检总局)于 2005 年 23 日发出紧急通知,要求各地质检部门加强对含有"苏丹红 1 号"食品的检验监管,严防含有"苏丹红 1 号"的食品进入中国市场。2005 年 3 月 4 日北京市有关部门从亨氏辣椒酱中检出"苏丹红 1 号"。不久,湖南长沙坛坛香调料食品有限公司生产的"坛坛乡辣椒萝卜"也被检出含有"苏丹红 1 号"。2005 年 3 月 15 日,肯德基新奥尔良烤翅和新奥尔良烤鸡腿堡调料中也发现了"苏丹红 1 号"成分。几天后,北京市有关部门在食品专项执法检查中再次发现,肯德基用在"香辣鸡腿堡""辣鸡翅""劲爆鸡米花"3 种产品上的"辣腌泡粉"中含有"苏丹红 1 号";随后,全国 11 个省市 30 家企业的 88 个样品被检出含有苏丹红,苏丹红事件席卷全国。

苏丹红并非食品添加剂,而是一种化学染色剂。它的化学成分中含有一种叫萘的化合物,该物质具有偶氮结构,由于这种化学结构的性质决定了它具有致癌性,对人体的肝肾器官具有明显的毒性作用。苏丹红主要用于石油、机油和其他的一些工业溶剂中,目的是使其增色,也用于鞋、地板等的增光。苏丹红又名"苏丹",其系列产品的化学名称如下：

苏丹红 1 号：1-苯基偶氮-2-萘酚；

苏丹红 2 号：1-[(2,4-二甲基苯)偶氮]-2-萘酚；

苏丹红 3 号：1-[4-(苯基偶氮)苯基]偶氮-2-萘酚；

苏丹红 4 号：1-2-甲基-4-[(2-甲基苯)偶氮]苯基偶氮-2-萘酚。

2. 三聚氰胺事件

2008 年 9 月，中国爆发三鹿婴幼儿奶粉受污染事件，导致食用了受污染奶粉的婴幼儿产生肾结石病症，其原因是奶粉中含有三聚氰胺。国家质检总局通报全国婴幼儿奶粉三聚氰胺含量抽检结果，河北三鹿、山西雅士利、内蒙古伊利、蒙牛集团、青岛圣源、上海熊猫、山西古城、江西光明乳业英雄牌、宝鸡惠民、多加多乳业、湖南南山等 22 个厂家 69 批次产品中检出三聚氰胺，被要求立即下架。

三聚氰胺（Melamine）（化学式：$C_3H_6N_6$），俗称密胺、蛋白精，IUPAC 命名为"1,3,5－三嗪－2,4,6－三氨基"，是一种三嗪类含氮杂环有机化合物，被用作化工原料。它是白色单斜晶体，几乎无味，微溶于水（3.1g/L 常温），可溶于甲醇、甲醛、乙酸、热乙二醇、甘油、吡啶等，不溶于丙酮、醚类，对身体有害，不可用于食品加工或食品添加物。三聚氰胺是氨基氰的三聚体，由它制成的树脂加热分解时会释放出大量氮气，因此可用作阻燃剂。它也是杀虫剂环丙氨嗪在动物和植物体内的代谢产物。

蛋白质是牛奶中的主要营养成分，鲜牛奶包装上都会标注着蛋白质含量为 100 毫升 ≥2.95 克，以表明符合鲜牛奶的国家标准（100 毫升≥2.95 克）。生鲜牛奶的蛋白质含量一般在 3% 以上，所以都能达到国家标准，除非往原奶中兑水。要提防有人拿水卖出奶的价钱，就有必要在收购生鲜牛奶时检测蛋白质的含量。根据蛋白质的化学性质，有几种检测方法，各有优缺点。食品工业上普遍采用的、被定为国家标准的是凯氏定氮法。这是 19 世纪后期丹麦人约翰·凯达尔发明的方法，即用强酸处理样品，让蛋白质中的氮元素释放出来，测定氮的含量就可以算出蛋白质的含量。牛奶蛋白质的含氮率约 16%，根据国家标准，把测出的氮含量乘以 6.38，就是蛋白质含量。所以凯氏定氮法实际上测的不是蛋白质含量，而是通过测氮含量来推算蛋白质含量。显然，如果样品中还有其他化合物含有氮，这个方法就不准确了。在通常情况下，食物中的主要成分只有蛋白质含有氮，其他主要成分（碳水化合物、脂肪）都不含氮，因此凯氏定氮法是一种很准确的测定蛋白质含量的方法。但是如果往样品中偷加含氮的其他物质，就可以骗过凯氏定氮法获得虚假的蛋白质高含量，用兑水牛奶冒充原奶。常用的一种冒充蛋白质的含氮物质是尿素。不过，尿素的含氮量不是很高（46.6%），溶解在水中会发出刺鼻的氨味，容易被觉察，而且用一种简单的检测方法（格里斯试剂法）就可以查出牛奶中是否加了尿素。所以，后来造假者就改用三聚氰胺了。三聚氰胺含氮量高达 66.6%（含氮量越高意味着能冒充越多的蛋白质），白色无味，没有简单的检测方法（要用液相色谱检测），是理想的蛋白质冒充物。三聚氰胺是一种重要的化工原料，广泛用于生产合成树脂、塑料、涂料等。三聚氰胺生产产生的废渣中含有 70% 的三聚氰胺。造假者用来冒充蛋白质的就是三聚氰胺渣，有些"生物技术公司"在网上推销"蛋白精"，其实就是三聚氰胺渣，在饲料、奶制品中添加"蛋白精"冒充蛋白质。

3. PX 事件

闹得沸沸扬扬的全国 PX 事件，发起于厦门 PX 项目事件，即 2007 年福建省厦门市对海沧半岛计划兴建的对二甲苯（PX）项目所进行的抗议事件。该项目由台资企业腾龙芳烃（厦门）有限公司投资，将在海沧区兴建计划年产 80 万吨对二甲苯（PX）的化工厂。腾龙芳烃（厦门）有限公司由富能控股有限公司和华利财务有限公司共同组建。厂址设在厦门市海沧投资区的南部工业园区。该项目已经被纳入中国"十一五"对二甲苯产业规划。由于担心化工厂建成后危及民众健康，该项目遭到百名政协委员联名反对，市民集体抵制，直到厦门市政府宣布暂停工程。之后 2011 年大连、2012 年宁波、2014 年茂名等地也掀起了 PX 风波。

厦门 PX 事件发生的原因是以中科院院士、厦门大学教授赵玉芬为首的一些人在代表民众合理抗争的同时，却又无根据地宣称 PX"属危险化学品和高致癌物，对胎儿有极高的致畸率"，并称这样的化工厂"至少要建立在 100 千米以外，城市才能算安全"，严重误导了民众，而网上又一直缺乏有力的反驳。

PX 是英文 para-Xylene 的简写，其中文名是 1,4-二甲苯（对二甲苯），以液态形成存在、无色透明、气味芬芳，属于芳烃的一种，是化工生产中非常重要的原料之一，用它可生产精对苯二甲酸（PTA：pure terphthalic acid）或对苯二甲酸二甲酯（DMT：Dimethyl terephthalate），PTA 或 DMT 再和乙二醇反应生成聚对苯二甲酸乙二醇酯[PET：poly(ethylene terephthalate)]，即聚酯，进一步加工纺丝生产涤纶纤维和轮胎工业用聚酯帘布。PET 树脂还可制成聚酯瓶、聚酯膜、塑料合金及其他工业元件等。除此之外，PX 在医药上也有用途。所有的汽油都含有 PX。

根据《全球化学品统一分类和标签制度》和《危险化学品名录》，在包括美国、澳大利亚在内的很多西方国家，PX 都不属于"危险化学品"。欧盟把 PX 列为"有害品"，原因是当人体吸入过量 PX 时对眼睛及上呼吸道有刺激作用，可能出现急性中毒反应。值得注意的是，欧盟的规定中有"过量"两字。

在 PX 和 PTA 的生产过程中，生成的高毒性或有高致癌性的物质，仅仅是苯和硫化氢。此外，生成的乙酸和乙酸甲酯也具有令人不快的异味。知道了这些，厦门民众就可以有针对性地要求和监督腾龙芳烃和翔鹭石化两家公司有效地减少这些物质的排放或泄漏，而不是在无知的情况下，没有凭据地幻想 PX 和 PTA 的生产过程中会有多少高毒、高致癌性的物质产生,并用这种空话作为维权的依据。

怎样才能在根本上解决上述问题? 当前化工界正在进行一项伟大的事业,大力推行"责任关怀"!

4.3.1 "责任关怀"基本概念

"责任关怀"是于 20 世纪 80 年代国际上开始推行的企业理念。

1984 年,由加拿大化学品制造协会首先提出。

1988 年,美国化学品制造协会正式推行。

1990 年,美国、加拿大、日本及欧洲等国成立国际化学品制造协会。

1991 年,国际化学品制造协会制定责任关怀制度执行要点。

1992 年,国际化工协会理事会接纳并形成在全球推广的计划。

2001 年,中国石油和化学工业协会成立。

2002 年,在我国开始推广。

2005 年,中国责任关怀促进大会在北京召开。

2006 年,编制责任关怀准则(试行本)。

2007 年,编制责任关怀准则操作指南。

2007 年,中国责任关怀促进大会在上海召开。

2009 年,中国责任关怀促进大会在上海召开。

2010 年,组织编制实施准则行业标准,2011 年发布。

2010 年 12 月,中国石油和化学工业联合会加入国际化工协会联合会。

2011 年,组建责任关怀工作委员会。

2011 年 10 月,中国责任关怀促进大会在北京召开。

2013 年 4 月,中国责任关怀促进大会在北京召开。

2015 年 6 月,中国责任关怀促进大会在北京召开。

责任关怀的宗旨是在全球石油和化工企业实现自愿改善健康、安全和环境。20 多年来,"责任关怀"在全球 53 个国家和地区得到推广,几乎所有跻身世界 500 强的化工企业都践行了这一体系。

4.3.1.1 概述

责任关怀是指一个化学企业在开展其经营业务的同时,针对自身的发展情况提出的一套自律性、持续改善环保、健康及安全绩效的管理体系。

责任关怀特别强调社区的认知和参与,强调信息交流;监管化学品的整个生命周期;注重对供应商和经销商提出相应的要求。

责任关怀实施的最终目的,不是着眼于近期的商业和利益,而在于树立良好的行业公众形象,从而使化工行业实现可持续发展并最终实现零污染排放、零人员伤亡、零财产损失的终极目标责任。

关键词:自律性,持续改善,管理体系,社区参与,公众形象。

(1)理解的偏差(Responsible Care)。

"责任与关怀"——对社会的责任和对员工的关怀。

外延过大,等同于企业的社会责任;内涵空泛,安全、环保、社区责任等虚化;误解为仅是一个理念而不是一个行动;非化工行业专属。

(2)名词解释(Responsible Care)。

责任关怀——负责的关照。

对产品及其上下游化学品有可能涉及的安全、环保和健康问题的关照;对化学品研发、生产、储运、使用、废弃等全部产品生命周期的关照;对从直接接触人员到周边社区乃至与产品有关各方人员的关照;有规范行为和要求的关照;成为全员共同意识的关照。不但是一个理念,更重要的是一整套行动。

(3)责任关怀与 HSE 的区别。

责任关怀的工作视野兼顾围墙内外,HSE 则主要集中在围墙内部。

HSE 是一项管理制度,制度的内容是一致的。责任关怀既是一个理念,也是一项制度,制度的基本准则一致,同时包括开放的内容,因时因地而别。

责任关怀有明确的信息公布制度,HSE 没有明确要求。

责任关怀密切追踪产品的整个生命周期,从墙外的研发,到墙内的生产,再到墙外的运输、销售、使用以致回收。

责任关怀特别重视同社区的关系,注重取得社区的认知,争取社区的帮助。

(4)责任关怀与社会责任的区分。

社会责任是属概念,责任关怀是其下位的种概念。

责任关怀是专门针对化工行业的,社会责任是面向所有企业的。

责任关怀有严格的工作准则体系,其工作内容是半封闭的;社会责任主要是道德要求,其工作内容是完全开放的。

4.3.1.2 六项基本实施准则

社区认知和紧急情况应变准则;配送准则;污染预防准则;生产过程安全准则;雇员健康和安全准则;产品监管。

(1)社区认知和紧急情况应变准则。

其目的是让化工企业的紧急应变计划与当地社区或其他企业的紧急应变计划相呼

应,进而达到相互支持与帮助的功能,以确保员工及社区民众的安全。透过化学品制造商与当地社区人员的对话交流,拟定合作紧急应变计划。该计划每年至少演练 1 次,其范围涵盖危险物与有害物的制造、使用、配销、储存及处置所发生的一切事故。

【案例 1】关于社区认知:2011 年 8 月大连福佳 PX 事件

8 月 14 日上午,万名大连市民集聚在人民广场大连市政府门前,对险些因为台风"梅花"酿成重大泄漏事故的福佳大化 PX 项目表达抗议,要求福佳大化 PX 项目搬出大连。市民高呼"求真相"口号,同时打出横幅标语。其中,一些情绪激动的市民还要求福佳大化 PX 项目"滚出大连",提出"保护环境,保护生命"。

图 1-4-15　大连福佳 PX 事件

据了解,福佳大化 70 万吨芳烃(PX)项目于 2005 年 12 月得到国家发改委核准,2007 年 10 月项目开始土建施工,2008 年 11 月完成装置建设,2009 年 5 月进入试生产,2009 年 6 月正式投产。该项目总占地面积达 80 公顷,含流动资金共投资 95 亿元,据称此项目年产值约 260 亿元,可纳税 20 亿元左右,是目前中国单系列规模最大的芳烃项目之一。大连福佳大化石油化工有限公司由民企福佳集团和国企大化集团合资建设,是全国首家民营企业控股的联合芳烃石化项目。就经济意义来说,该项目是在国家实施振兴东北老工业基地的战略背景下,作为辽宁省"五点一线"对外开放新格局中的重大项目。该项目的兴建,延伸了大连石化产业从炼油—PX—PTA—聚酯切片的石化"黄金产业链",填补了大连石化只有"油头"没有"化尾"的空白。然而,这个如此重大而"敏感"的项目,一开始大多数大连市民并不知情。2011 年 8 月 14 日,大连市委市政府决定,福佳大化 PX 项目立即停产,并正式决定该项目将被搬迁。

【案例 2】关于紧急应变:上海化工区消防演习

为进一步检验化工区有毒有害气体泄漏应急预案的操作性,完善化工区重大事故的应急处置程序,2010 年 11 月 10 日下午,上海市化学工业区消防支队协调区内拜耳公司联合组织开展了"HDI 装置光气泄漏

图 1-4-16　上海化学工业区消防演习

处置"综合演练。

演练假设拜耳公司 HDI 装置光气发生泄露,拜耳中队接警后迅速赶赴现场,途中及时向化工区应急响应中心报告灾情并请求增援,中队救援力量到场后第一时间利用厂区固定消防设施结合水幕水带、屏风水枪设置防线进行稀释,有效控制光气泄露范围。支队增援力量到达现场后,立即成立火场指挥部,在充分掌握现场灾情的前提下,立即组织力量加强对现场进行稀释降毒,并派检测人员利用仪器在下风方向进行不间断的检测。根据灭火预案结合实际情况,各战备力量协同配合作战,最后现场指挥部在现场灾情有效得到控制的情况下,组成攻坚组在厂方技术人员的配合下成功实施堵漏,演练圆满结束。整个演练消防官兵在防线设置、气体侦检、人员搜救、堵漏处置等救援处置中充分展现专业的业务技能和顽强的战斗力,受到拜耳公司领导的高度评价。

（2）配送准则。

此项准则是为了使化学品的各种形式的运输、搬运和配送更为安全而订立的。其中,包括对与产品和其原料的配送相关的危险进行评价并设法减少这些危险。对搬运工作需要有一个规范化过程,着重行为的安全和法规的遵守。

【案例】关于化学品的运输：晋济公路特大燃爆案

2014 年 3 月 1 日 14 时 45 分许,位于山西省晋城市泽州县的晋济高速公路山西晋城段岩后隧道内,一辆山西铰接列车追尾一辆河南铰接列车,造成前车装载的甲醇泄漏,后车发生电气短路,引燃周围可燃物,进而引燃泄漏的甲醇,并导致其他车辆被引燃引爆,共造成 40 人死亡、12 人受伤和 42 辆车烧毁,直接经济损失 8197 万元。经查明,

图 1-4-17　晋济公路特大燃爆事故

两车追尾的直接原因是：后车驾驶员未能及时发现前车,距前车仅五六米时才采取紧急制动措施,且存在超载行为,影响刹车制动；车辆起火燃烧的原因是前车罐体未按标准规定安装紧急切断阀,造成甲醇泄漏,追尾造成电气短路后,引燃泄漏的甲醇。管理和监督方面的原因是包括山西省晋城市福安达物流有限公司安全主体责任不落实；河南省焦作市孟州市汽车运输有限责任公司安全生产主体责任不落实；晋济高速公路煤焦管理站违规设置指挥岗加重了车辆拥堵；湖北东特车辆制造有限公司、河北昌骅专用汽车有限公司销售不合格产品；山西省晋城市、泽州县政府及其交通运输管理部门对危险货物道路运输安全监管不力；河南省焦作市交通运输管理部门和孟州市政府及其交通运输管理部门对危险货物道路运输安全监管不力；山西省高速公路管理部门对高速公路管理和拥堵信息处置不力；山西省公安高速交警部门履行道路交通安全监管责任不到

位;山西锅炉压力容器监督检验研究院、河南省正拓罐车检测服务有限公司违规出具检验报告;危化品罐式半挂车实际运输介质均与设计充装介质、公告批准、合格证记载的运输介质不相符等其他问题。

（3）污染预防准则。

本项准则目的是为了减少向所有的环境空间,即空气、水和陆地的排放。当排放不能减少时,则要求以负责的态度对排放物进行处理,其范围涵盖污染物的分类、储存、清除、处理及最终处置等过程。

【案例】关于配送和污染预防:曲靖铬渣污染事故

2011年6月12日上午,云南省曲靖市麒麟区三宝镇张家营村委会湾子村的部分群众反映有放养的山羊死亡,三宝镇核实情况后迅速向区委、区政府及环保部门报告。经全面调查核实,事件系承运人非法倾倒铬渣所致。陆良化工实业有限公司2011年5月28日与贵州省兴义市三力燃料有限公司签订转移铬渣合同,由三力燃料有限公司负责运输及承担相关费用,承运人受节省运输

图1-4-18　被污染的叉冲水库残留水

费用的利益驱使,未将铬渣运至贵州省兴义市三力燃料有限公司,而在麒麟区三宝镇、越州镇的山上倾倒了铬渣5212.28吨,导致了铬渣污染事件的发生,共造成倾倒地附近农村77头牲畜死亡,叉冲水库(实为小坝塘)4万立方米水体和附近箐沟3000立方米水体受到污染。因为铬渣倾倒点及附近水塘距离当地群众饮用水水源地较远,未对群众饮水安全造成影响,事件造成直接经济损失9.5万元。

（4）生产过程安全准则。

目的是预防火灾、爆炸及化学物质的意外泄漏等。它要求工艺设施应依据工程实务规范妥善的设计、建造、操作、维修和训练并实施定期检查,以达到安全的过程管理。此项准则适用于制造场所及生产过程,其中包括配方和包装作业、防火、防爆、防止化学品的误排放,对象包括所有厂内员工和外包商。

【案例】关于生产过程安全:印度博帕尔悲剧

1984年12月4日美国原联碳公司在印度博帕尔的农药厂发生异氰酸甲酯毒气泄漏,造成12.5万人中毒、5000～8000人死亡、20万人受伤、5万多人终身受害的让世界震惊的重大事故。事故的直接原因,是一个班的负责人命令操作工用水清洗管道。在清洗前应该对相关设备进行隔离,但被忽略了,清洗管道的水进入了一个异氰酸甲酯储罐,导致罐内压力急剧升高发生爆炸。

（5）雇员健康和安全准则。

目的是改善人员作业时的工作环境和防护设备，使工作人员能安全地在工厂内工作，进而确保工作人员的安全与健康。此项准则要求企业不断改善对雇员、访客和合同工作人员的保护，内容包括加强人员的训练并分享相关健康及安全的信息报道、研究调查潜在危害因子并降低其危害及定期追踪员工的健康情况并加以改善。

（6）产品监管。

此项准则适用于企业产品的所有方面，包括从开发经制造、配送、销售到最终的废弃，以减少源自化工产品对健康、安全和环境构成的危险。其范围涵盖了所有产品从最初的研究、制造、储运与配送、销售到废弃物处理整个过程的管理。

4.4 沟通——企业新的能力

企业能力的进化阶段：生产能力—营销能力—研发能力—沟通能力。

公民意识觉醒的新时代，化工企业必须学会事关生存和发展的新能力——沟通。

信息对称——社会文明进展追求的永恒目标。

信息不对称是绝对的，人类社会正是在不断地化解信息不对称中获得发展。

企业必须让社会知道在干什么。

产品、原料、中间产物、排出物；技术水平，尤其是安全可靠度；环保措施，尤其是三废处理情况；员工的健康保证；社会责任履行情况。

民众沟通——企业的必修课。

民众沟通历来是国内企业的短板。过去企业只管生产，与民众沟通的事情都交给当地政府。一系列 PX 事件后，相信各地政府会更聪明了，直接把企业推到民众面前。企业与民众的沟通，已经成为企业不可逃避且必须做好的分内工作。

【拓展】

1. 巴斯夫重庆项目

巴斯夫是全球最大的化工公司，创建于 1865 年，总部位于德国路德维希港。位于路德维希港的巴斯夫集团总部就像一座"小城市"，占地面积达 7 平方千米。此外，巴斯夫还有自己的医院、旅行社、火车站等。这家庞大的世界 500 强企业以化学品及塑料为核心业务，范围十分广泛，从天然气等原料，到植保剂和医药等，数不胜数。

重庆 MDI 一体化项目是由重庆化医集团与巴斯夫欧洲公司于 2007 年签约建设的世界最大的二苯基甲烷二异氰酸酯一体化项目，总投资 350 亿元，投产后预计每年销售额达 500 亿元人民币。据当地政府预计，此项目将拉动重庆石油、天然气化工等产业 2000 亿元人民币产值，有利于统筹川渝天然气化工、石油化工产业发展，推动本地化工产业升级。

由于这个项目所在的重庆(长寿)化工园区位于长江上游,地理位置敏感,MDI 一体化项目引起了社会广泛关注,社会舆论对此项目是否会对三峡库区及整个长江中下游和南水北调受水区造成影响产生争议。项目还未投入运营,就在长寿成立了社区咨询委员会,让周围的居民都能直接参与其中。

2015 年 3 月 20 日,在巴斯夫公司在上海为庆祝公司成立 150 周年、进入中国 130 周年所举办的"创益群英汇"上,巴斯夫大中华区总裁侯宇哲(Albert Heuser)表示,整个项目将于 2015 年第二季度开始进入开车阶段,和巴斯夫在比利时安特卫普、美国北卡罗来纳以及中国上海的 MDI 项目一样,这个项目采用了全球最严格的环保标准。"巴斯夫的工厂有一个开门的政策,经常有开放日。"侯宇哲说。巴斯夫会邀请一些邻居到工厂里面来参观,也包括有些基地设有社区咨询委员会,邀请一些普通的公众能够参加,不仅是跟政府的监管部门打好关系,和普通老百姓也要做好清楚解释工作。

2. 公众开放日

2016 年 1 月 21 日上午,上海化学工业园区举办公众开放日接待基地首次活动,金山、奉贤区共 40 位居民走进园区、走进企业,亲身体验园区面貌,感受化工对百姓日常生活的作用。化工区为积极践行园区及区内企业的社会责任,进一步扩大深化"公众开放日"活动,化工区管委会在园区范围内组建一批活动基地,从 2016 年 1 月起每月接待金山区漕泾镇、山阳镇、金山卫镇、石化街道和奉贤区柘林镇周边地区的村(居)民到园区参观互动。列入首批接待基地的有三类:一是管理服务类基地,包括化工区展示厅、应急响应中心、医疗中心、消防站、华凯酒店等;二是环保设施类基地,包括生态湿地、环境监测站、污水处理厂、集惠公司等;三是生产企业类基地,包括赛科、科思创、巴斯夫化工、巴斯夫聚氨酯、亨斯迈、赢创、高桥石化、漕泾电厂、漕泾热电、孚宝港务、管廊、氯碱华胜、天原化工等。

3. 万华在责任关怀方面的努力

作为国际异氰酸酯协会(International Isocyanate Institute)的成员单位,烟台万华积极参与协会交流,以同行业的最高标准规范要求自己,模范地践行责任关怀的原则和行为准则。每年都出席大会并做交流发言。

2005 年 9 月,烟台万华在美国奥兰多签署世界安全宣言,成为中国第一家签署此宣言的企业,烟台万华给世界一个安全与健康的承诺。

2007 年,烟台万华被中国石油和化工工业协会评选为国内首批"责任关怀试点企业",成为中国石化行业责任关怀的典范。

烟台万华对所有的承包商进行全面的安全培训,并将安全管理经验与承包商分享,使承包商的安全绩效不断提高,从而与承包商建立起长久的合作关系,最终实现互利双赢。

　　烟台万华承运商的选择非常的严格，所有承运商必须有国家安全资质。同时，烟台万华定期对司机进行相关安全知识培训，和承运商一起制定运输应急预案，为运输车辆配备应急器材，减少、防止产品运输事故。

　　烟台万华拥有经验丰富的销售队伍，为客户提供全方位的售前、售中、售后服务，产品配套有完备的产品安全技术说明书（MSDS），并定期通过举办洽谈会向顾客传达产品责任关怀方面的信息，解答客户的疑难。

　　烟台万华根据客户需要，为客户提供健康、安全与环境保护方面的支持与培训。

任务五　认识化学工业的资源路线和主要产品

学习目的及要求

了解化工资源结构及现状，了解可再生资源利用的重要意义，了解主要化工资源的产品网络，树立资源意识、成本意识。

学习重点

主要化工资源的产品网络。

学习难点

化工生产的多方案性。

5.1　化工资源概况

5.1.1　资源结构

自然界中的许多资源可以作为化学加工的初始原料，这些资源除了矿物、生物资源外，还包括水、空气以及生产和生活中的一些废弃物等。

矿物资源包括金属矿、非金属矿和化石燃料矿。金属矿多以金属氧化物、硫化物、无机盐类形态存在；非金属矿以化合物形态存在，其中含硫、磷、硼的矿物储量比较丰富；化石燃料包括煤、石油、天然气等，主要由碳、氢组成。化石燃料虽然只占地壳中总碳质量的0.02%，但却是最主要的能源，也是最重要的化工原料。石油炼制、石油化工、天然气化工、煤化工在国民经济中占有十分重要的地位。由于矿物资源属于不可再生资源，所以必须节约利用矿物资源。

生物资源来自农、林、牧、副、渔的植物体和动物体，它们提供了淀粉、蛋白质、油料、脂肪、糖类、木质素和纤维素等食品和化工原料，一些天然的颜料、染料、油漆等都取自植物和动物。但由于这些资源比较分散，具有区域性特点且受季节影响，不适宜大规模生产。不过，由于系可再生资源，所以备受关注，开发以生物质为原料生产化工产品的新工艺、新技术将是重要的课题之一，如生物柴油（利用动植物油脂、地沟油等，经酯化、蒸馏生产出脂肪酸甲酯）。美国波音公司研发中心已与中科院合作在青岛建立了生物燃料联合开发中心，并希望在青岛建立世界首个藻类生物燃料研发基地，希望在 2020 年从青岛起飞的飞机都可以使用由海藻生产出来的生物燃料。

水资源在化工生产中的应用是很普遍的,节约和保护淡水资源、提高水的循环利用率非常重要。所以,海水淡化显得尤为重要。2005 年底青岛市海水淡化产业发展规划出台,青岛将建四大海水淡化厂。在蓝色经济区建设中,海水淡化将获得飞跃式发展,这种淡化水将进入市政管网,流进更多居民家。2014~2015 年,淡化水占市区供水的比重达到 25% 左右。

空气也是一种宝贵的资源。如气体公司,就是从空气中提取高纯度的氦、氖、氩、氪等气体用于高精尖领域;从空气中分离出纯氧和纯氮,用于冶金、化工、石油、机械、采矿、食品等工业部门和军事、航天领域。随着膜分离技术的发展,将会从空气中分离出更多有用的成分。

废弃物也是重要的化工资源,工农业生产和日常生活废料原则上都可以回收利用。例如,将废塑料与石油馏分混合,在 250℃~350℃下融化,送焦化炉加热处理,产生气体、油和石油焦,气体中含有重要的基础化工原料——氢、甲烷、乙烷、丙烷等。再如,玉米芯、秸秆、棉花秆等的利用。

5.1.2　资源概况

我国幅员辽阔,资源丰富,自然资源总量居世界第七位,已探明的矿产资源总量居世界第三位。在化石资源总量和已探明的储量中,煤炭约占 90% 以上;可以说煤资源丰富;我国的石油资源约占世界总量的 2.3%,但石油产量却远不能满足石油消费需求的增长;我国的天然气资源丰富,探明的天然气储量很大,已形成陕甘宁、新疆地区、四川东部三个大规模的气区,海上油田气也有较大的天然气储量;我国也是世界上水资源较为丰富的国家之一,但人均资源相对不足。人均煤炭的拥有量,仅仅是世界人均水平的 1/2;石油资源的人均占有量只是世界人均水平的 1/10;天然气更少,只有 1/20。这是到目前为止探明的储量,当然储量还会随着技术的进步不断增加,但到目前为止的探明储量和人口数相除的话,人均的资源占有量和国际水平相比差距还是很大的。所以可以这样说,我们的家底并不是很丰厚。

2011 年 11 月 3 日,中国国土资源部在京发布首部《中国矿产资源报告》,报告显示,"十一五"期间(2006-2010),主要矿产勘察取得重要进展,新发现矿产地 2839 处,发现或评价 7 个亿吨级油田,10 个千亿立方米级气田,3 个百亿吨级煤田,2 个 10 亿吨级铁矿和 2 个千万吨级铜矿,主要矿产查明资源储量明显增长。我国矿产资源总体查明率平均为 36%;其中,铁、铝土矿查明率分别为 27% 和 19%。新一轮全国油气资源评价表明,中国石油地质探明率为 26%,勘探处于中期阶段;天然气探明率为 15%,勘探处于早期阶段,待查明矿产资源潜力巨大。《中国矿产资源报告(2012)》2012 年 11 月 5 日发布;我国煤炭、粗钢、水泥等矿产品产量稳居世界首位,国内矿产品供应能力不断增强。2011 年,全国一次能源产量为 31.8 亿吨标准煤,同比增长 7%,能源自给率为 91.4%。但报告同时也显示,我国石油、铁、铜等大宗短缺矿产进口量持续增长,对外依存度居高不下,如石油达到 56.7%,铁矿石达到 56.4%,铜则高达 71.4%。

　　2013 年 10 月 30 日,国土资源部发布了《中国矿产资源报告(2013)》。2012 年,矿产资源勘查投入超过 1200 亿元,完成钻探工作量 3419.19 万米。新增石油地质储量 15 亿吨,天然气 9610 亿立方米;新发现 4 个亿吨级油田和 3 个千亿立方米级气田,4 个 50 亿吨级煤矿,1 处国内最大的超大型铀矿床。我国煤炭、石油、天然气、铁、铜、钨、钼、金等矿产勘查取得重要进展,煤炭勘查新增查明资源储量 616 亿吨、铁矿 40 亿吨、铜矿 431 万吨、金矿 917 吨、钾盐 1461 万吨。截至 2012 年底,石油剩余技术可采储量 33.3 亿吨,天然气 4.4 万亿立方米;查明资源储量煤炭 1.4 万亿吨、铁矿 775 亿吨、铜矿 9037 万吨、铝土矿 38 亿吨、金矿 8196 吨。煤炭、粗钢、水泥等矿产品产量稳居世界首位,国内供应能力不断增强。2012 年,进口煤炭 2.89 亿吨,同比增长 29.8%;石油 3.11 亿吨,同比增长 5.6%,对外依存度为 57.8%;铁矿石 7.44 亿吨,同比增长 8.4%,对外依存度为 58.7%。

　　2014 年 10 月 22 日,《中国矿产资源报告(2014)》发布。2013 年我国石油新增探明储量 10.83 亿吨,天然气新增探明储量 6159.11 亿立方米,煤、铜等重要矿产勘查成果显著。报告指出,我国实施“找矿突破战略行动”效果显著。3 年来,全社会累计找矿投入超过 3500 亿元,其中 80% 以上源于社会资金。新发现大中型矿产地 451 个,主要矿产新增查明资源储量显著。报告还指出,与实施“找矿突破战略行动”前相比,45 种主要矿产中有 37 种矿产查明资源储量增长,其中煤炭增长 10.7%,天然气增长 22.8%,铁矿增长 9.8%,铜矿增长 13.3%,铝土矿增长 7.2%,金矿增长 30.7%。报告还显示,2013 年全国一次能源生产总量为 34.0 亿吨标准煤,较上年增长 2.4%;消费总量达 37.5 亿吨标准煤,增长 3.7%,能源自给率为 90.7%,较上年下降 1.3%。我国成为世界第一大能源生产国和消费国。报告指出,我国能源结构不断改善,天然气等清洁能源比重不断上升。2013 年能源生产结构为:原煤占 75.6%,原油占 8.9%,天然气占 4.6%,水电、核电、风电等占 10.9%;能源消费结构为:煤炭占 66.0%,石油占 18.4%,天然气占 5.8%,水电、核电、风电等占 9.8%。

　　2015 年 10 月 21 日,国土资源部发布发布了《中国矿产资源报告(2015)》,2014 年中国石油勘查新增探明地质储量 10.6 亿吨、天然气 9438 亿立方米,45 种主要矿产中有 36 种矿产的查明资源储量增长。其中,石油剩余技术可采储量增长 2.0%,天然气增长 6.5%,煤炭查明资源储量增长 3.2%,铁矿增长 5.6%,铜矿增长 6.3%,铝土矿增长 3.2%,金矿增长 9.4%。

5.2 化学工业主要产品网络

5.2.1 煤化工产品

以煤为原料,经化学加工使煤转化为气体、液体和固体燃料以及化学品的过程称为煤化工,主要包括煤的气化、液化、干馏以及焦油加工和电石乙炔化工等。煤化工开始于18世纪后半叶,19世纪形成了完整的煤化学工业体系。进入20世纪许多以农林产品为原料的有机化学品多改为以煤为原料生产,煤化工成为化学工业的重要组成部分。第二次世界大战(1939—1945)以后,石油化工发展迅速,很多化学品的生产又从以煤为原料转移到以石油和天然气为原料,从而削弱了煤化工在化学工业中的地位。20世纪70年代石油大幅度涨价时,煤化工曾一度有所发展。

2008年5月底,国际原油价格创出135美元的历史新高,曾预计未来原油价格将升至200美元,全球已经进入高油价时代(后来冲到150美元)。石油价格上涨拓展了煤化工产业的发展空间。在中国和印度两大人口大国快速发展的时期,石油的需求增长速度远远超过供给的增长速度,石油价格的持续高位增加了石油化工的生产成本,从而提高了煤化工产品的竞争力。据有关专家测算,当石油价格位于60～70美元/桶时,在缺油、少气、富煤的地区,使用煤化工途径生产甲醇、烯烃、二甲醚、甲醛、尿素等化工产品,都具有较强的竞争力和较好的经济效益。所以,投资煤化工是认准了石油涨价的大趋势。其次,煤化工产品具有较大的市场需求。

煤化工的利用途径如下。

5.2.1.1 煤的干馏

煤焦油又称煤膏,是煤焦化过程中得到的一种黑色或黑褐色黏稠状液体,是煤化学工业的主要原料,其成分达上万种,主要含有笨、甲苯、二甲苯、萘、蒽等芳烃,以及芳香族含氧化合物,含氮、含硫的杂环化合物等很多有机物,可采用分馏的方法将其分割成不同沸点范围的馏分。

煤的干馏又叫做煤的焦化,是把煤置于隔绝空气的密闭炼焦炉内加热,煤分解生成固态的焦炭、液态的煤焦油和气态的焦炉气。随加热温度的不同,产品的数量和质量都不同,有低温(500℃～600℃)、中温(750℃～800℃)和高温(900℃～1100℃)干馏之分。

低温干馏所得焦炭的数量和质量都较差,但焦油率较高,其中含有轻油部分,经加氢可制成汽油;中温的主要产品是城市煤气,而高温法的主要产品是焦炭。

煤中的水分和挥发份析出后所剩下的固体物质称为焦炭,主要是原料中不挥发的碳(固定碳)和灰分组成,不同煤种其焦炭的物理性质差别很大。不结焦煤呈粉末状,弱结焦煤呈松散的焦块,强结焦煤呈坚硬的焦块。

5.2.1.2 煤的气化

以固体燃料煤或焦炭为原料,在高温(900℃~1300℃)下通入汽化剂,使其转化为主要含氢、一氧化碳、二氧化碳等混合气体的过程。利用干馏制取化工原料,只能利用煤中的一部分有机物质,而煤的气化几乎可利用煤中全部碳和氢的物质。常用的汽化剂为水蒸气、空气或氧气。

煤的气化是基本化工原料——合成气($CO+H_2$)获得的重要途径。合成气是合成氨、甲醇及氯化工产品的基本原料,同时可用来做气体燃料。

合成气:CO~38%　　　H_2~35%　　　CO_2~18%　　　O_2~1%　　　CH_4~1%
N_2~0.8%　　　H_2S~0.5%　　　COS~0.3%

5.2.1.3 煤的液化

煤经化学加工转化成为液体燃料的过程,可分为直接液化和间接液化两类。

煤的直接液化又称加氢液化,是指在高温(420℃~480℃)、高压(10~20Mpa)下,采用加氢方法使煤转化为液态烃的过程。加氢液化产物称为人造石油,还可进一步加工成各种液体燃料。由于氢耗高、压力大、因而设备投资大,成本较高。

煤的间接液化是指将煤先制成合成气,再通过催化剂作用,转化为烃类燃料、含氧化合物燃料(如低碳混合醇、二甲醚等),由于甲醇、低碳醇的抗爆性能优异,可替代汽油,而二甲醚的十六烷值很高,是优良的柴油替代品。近年来,还开发了甲醇转化为高辛烷值汽油的技术,进一步促进了煤间接液化技术的发展。

纵观化学工业的发展历史,每次原料结构的变化总伴随者着化学工业的巨大变革。从资源角度看,煤将是潜在的化工主要原料。未来煤化工的发展主要取决于本身技术的进展以及石油供求状况和价格的变化。将煤气化制成合成气,然后通过碳一化学合成一系列的有机化工产品的开发研究是近年来进展较快且引起关注的领域;从煤制取液体燃料,无论采用低温干馏、直接或间接液化,都不得不取决于技术经济的评价。

煤化工产业是技术密集型产业,煤化工的快速发展极大地推动了与之相关的技术开发步伐。到目前为止,国内已开发出灰融聚煤气化技术、多喷嘴对置式气化技术、多元料浆气化技术等多项煤气化技术,自主开发出流化床甲醇制丙烯技术,山西省研发了煤间接液化技术、焦炉煤气制甲醇等等。煤制油、煤制甲醇、煤制醋酸、甲醇制烯烃等方面的技术的飞速发展,使我国成为国际上煤化工技术应用最多、技术水平最高的国家。

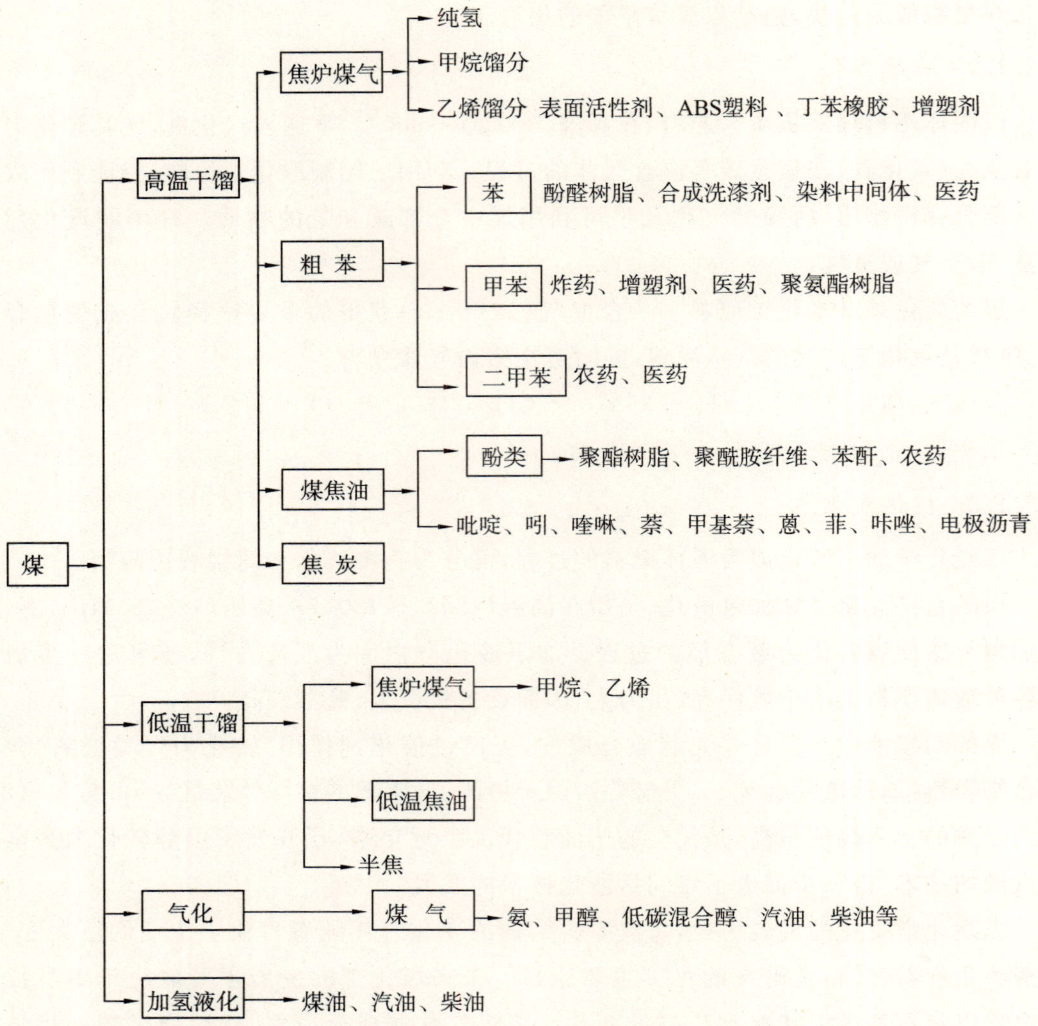

```
                                    ┌─ 纯氢
                          焦炉煤气 ─┼─ 甲烷馏分
                                    └─ 乙烯馏分 ── 表面活性剂、ABS塑料、丁苯橡胶、增塑剂
               高温干馏 ─┤
                                    ┌─ 苯 ── 酚醛树脂、合成洗漆剂、染料中间体、医药
                          粗 苯 ──┼─ 甲苯 ── 炸药、增塑剂、医药、聚氨酯树脂
                                    └─ 二甲苯 ── 农药、医药
                          煤焦油 ──┬─ 酚类 ── 聚酯树脂、聚酰胺纤维、苯酐、农药
                                    └─ 吡啶、吲、喹啉、萘、甲基萘、蒽、菲、咔唑、电极沥青
                          焦 炭
    煤 ─┤
                                    ┌─ 焦炉煤气 ── 甲烷、乙烯
               低温干馏 ─┤
                                    ├─ 低温焦油
                                    └─ 半焦
               气 化 ──── 煤 气 ── 氨、甲醇、低碳混合醇、汽油、柴油等
               加氢液化 ── 煤油、汽油、柴油
```

图 1-5-1　煤化工产品网络图

5.2.2　石油化工产品

石油是地下岩石中生成的、液态的、以碳氢化合物为主要成分的可燃性矿产。

原油是从地下开采出来未经加工处理的石油。

原油的元素组成：C 83%～87%　　　H 11%～14%　　　S 0.05%～8%

　　　　　　　　N 0.02%～2%　　O 0.05%～2%

这些元素是以化合物形态出现的，分为两大类：一是烃类（链烷烃、环烷烃、芳香烃），二是非烃类（酚、醛、酮、硫醇）。后者决定原油的颜色，含量高，颜色深。自20世纪50年代开始，石油化工蓬勃发展，至今90%左右的有机化工产品的上游原料来自石油和天然气。原有不能直接使用,需要进行一次加工和二次加工。

5.2.2.1 一次加工

一次加工包括常压蒸馏和减压蒸馏,常减压蒸馏是石油加工方法中最简单也是历史最悠久的方法。常压蒸馏又称为直馏(直接蒸馏),是在常压和300℃~400℃下进行的蒸馏。在常压蒸馏塔的不同高度可分别采出汽油、煤油、柴油等油品,塔底剩余组分是常压重油,其中含有重柴油、润滑油、沥青等高沸点组分,要在常压下继续整出这些油品需要更高的温度,但在350℃~400℃以上时,这些大分子组分容易分解,从而严重影响油品质量。所以需要在负压和380℃~400℃下进行减压蒸馏。

分馏:按照组分沸点的差别,使混合物得以分离的方法。

初馏:初步分馏。

初馏点:加热蒸馏原油时,低沸点的组分首先蒸发出来,蒸馏出第一滴油品时的气相温度。蒸馏出10%、50%、90%体积时的气相温度,分别叫做10%点、50%点和90%点,蒸馏最后达到的气相最高温度叫终馏点或干点。

馏分:在一定温度范围蒸馏出的油品,即馏出的部分,还是一个混合物,只不过包含的组分数目比原油少多了。

馏程:从初馏点到干点的这一温度范围叫做某馏分的馏程。

① <180℃,汽油馏分或低沸馏分。

② 180℃~350℃,煤柴油馏分或中间馏分。

③ 350℃~500℃,减压馏分或高沸点馏分。

④ >500℃,渣油。

石油、天然气 → 石油产品=油品 { 燃料油(汽、煤、柴油等) / 润滑油、液化石油气等 } 、石油化工产品

石油化工产品:油品进一步化学加工而得。

原料油和气通过裂解可以得到乙烯、丙烯、丁二烯、苯、甲苯、二甲苯等基本化工原料,以这些基本化工原料生产有机化工原料(约200种)及合成材料。

石脑油(轻汽油,粗汽油):主要成分为C_4~C_6烷烃,是催化重整生产芳烃或生产乙烯的原料。

相对密度:0.7053。

馏程:初馏点35.3℃,50%馏出温度93℃,90%馏出温度为156℃,终馏点为195℃。

原油净蒸馏得到的直馏汽油数量有限,且主要成分是直链烷烃,其辛烷值低、质量差,所以从数量和质量上均不能满足交通和其他工业部门对燃料油品的要求。为了提

高产量和质量,通常把蒸馏所得的各级产品进行二次加工。

5.2.2.2　二次加工

催化裂化:以重质馏分油为原料,在催化剂作用下,于 0.1M～0.3MPa、450℃～530℃进行裂化的过程,是广泛采用的一种裂化过程,可得到高辛烷值汽油。

催化重整:将适当的石油馏分在催化剂作用下,进行碳价结构的重新调整,使环烷烃和烷烃发生脱氢芳构化反应而形成芳烃的方法,不仅能得到高辛烷值的汽油,还能得到苯、甲苯、二甲苯等芳烃原料及液化气、溶剂油,并副产氢气。

加氢裂化:在催化剂和高氢压下,加热重质油使其发生一系列加氢和裂化反应,最后转变成航空煤油、柴油、汽油等产品的过程。加氢裂化可以使产品中的不饱和烃及重芳烃的含量显著减少,并且使硫、氮、氧及重金属等分解脱除,提高了油品质量,同时由于大量氢气可以抑制脱氢缩合反应,使得产品中不含焦油,催化剂上也不结焦。加氢裂化后正构烷烃和异构烷烃含量很高,重芳烃很少,所以是优质的航空煤油和柴油。另外,加氢裂化柴油也可作为裂解制烯烃的原料。加氢裂化已成为现代炼油厂的主要加工方法之一。

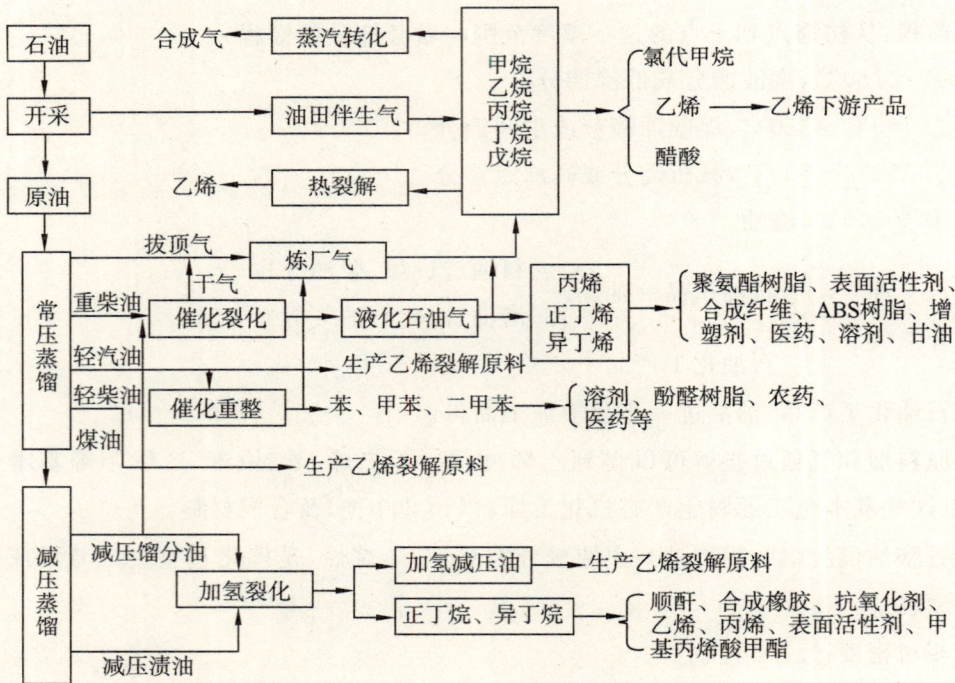

图 1-5-2　石油化工产品网络图

热裂解:将烃类加热到 $750℃ \sim 900℃$ 使其发生裂解的过程,烃类热裂解主要为了获得乙烯和丙烯。热裂解的原料可以是乙烷、丙烷、石脑油及煤油、柴油等。裂解气中除了大量的乙烯、丙烯和十二碳烯等烯烃外,还有氢气、$C_1 \sim C_4$ 烷烃,对裂解气进一步分离后可得到多种重要的有机化工原料。

辛烷值:表示汽油在汽油机中燃烧时的抗震性指标。标准异辛烷值规定为 100,正庚烷的辛烷值为零。

标准燃油:异辛烷、正庚烷的混合液。如:某燃油辛烷值为 80,说明该燃油与汉异辛烷 80%、正庚烷 20% 的混合液的抗暴性相同。

5.3　天然气化工产品

天然气:作为石油的伴侣,也是以碳氢化合物为主要成分,是以气体状态从地下岩石来到地面的。广义上,凡经产生的任何气体都可称为天然气,如二氧化碳、硫化氢等,但通常所说的天然气都是可燃性气体。

干气——贫气,$CH_4 > 80\% \sim 90\%$,较难液化。

湿气——富气,除甲烷外,还有相当数量的其他低级烷烃。经压缩、低温处理后较易液化。

天然气化工的"老三样"——氨、甲醇、乙炔。

"新三样"——液体燃料、烯烃、含氧化合物(醋酸)。

天然气化工利用:

(1) 天然气经蒸汽转化后的转化气可用于生产一系列产品,如制氨和氮肥,合成甲醇后再以甲醇为原料进一步合成汽油、柴油等燃料和醋酸、甲醛、甲基叔丁基醚等一系列化工产品等。

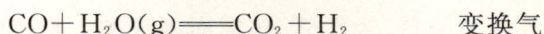

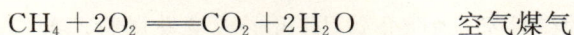

$CH_4 + H_2O(g) \Longrightarrow CO + 3H_2$　　　水煤气

$CO + H_2O(g) \Longrightarrow CO_2 + H_2$　　　变换气

$CH_4 + 2O_2 \Longrightarrow CO_2 + 2H_2O$　　　空气煤气

脱除 CO_2 得到纯净的 N_2、H_2O。

(2) 天然气直接用于生产各种化工产品。天然气中的甲烷可直接在催化剂的作用下进行选择性氧化生成甲醇和甲醛。

(3) 天然气的热裂解,天然气在 $930℃ \sim 1230℃$ 时裂解生成乙炔和炭黑。从乙炔出发可制氯乙烯、乙醛、醋酸、氯丁二烯、1,4—丁二醇等。炭黑可作为橡胶的补强填充剂和填料,也可作油墨、电极、涂料等的原料。

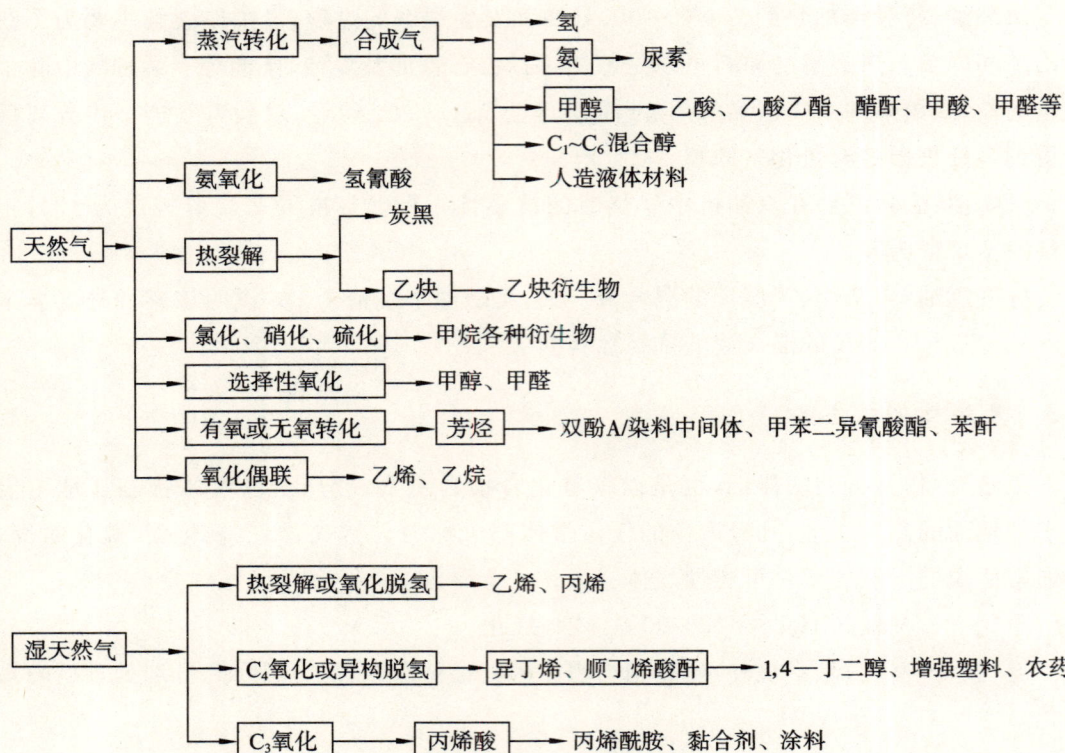

图 1-5-3　天然气化工产品网络图

5.4　生物质的化工利用

利用生物资源获取有机化工原料和产品,已有悠久的历史。人类早就知道从棉花、羊毛和蚕丝中获得纤维,用纤维素加工成纸,用油脂制造洗涤剂。近年来,在生物质利用方面进行了更为广泛的研究,如生物职业化制酒精——车用乙醇汽油。

乙醇是以高粱、玉米、小麦、薯类、糖蜜等为原料,经发酵、蒸馏而制成的。将乙醇液中含有的水进一步除去,再添加适量的变性剂(为防止饮用)可形成变性燃料乙醇。车用乙醇汽油是将变性燃料乙醇和汽油以一定的比例混合而形成的一种汽车燃料。使用这种燃料不但可以节省石油资源和有效地减少汽车尾气的污染,还可以促进农业生产。

玉米芯——糠醛,糠醇(呋喃甲醇,$C_5H_6O_2$)。

以玉米芯为原料的两条产业链条:玉米芯→糠醛→糠醇→呋喃树脂;玉米芯→糠醛→四氢呋喃→聚四氢呋喃。

玉米芯主要用途之一就是生产木糖醇的原材料——木糖。

木糖醇又名戊五醇,它的分子式为 $C_5H_{10}O_5$,是一种五碳糖醇,是木糖代谢的正常中间产物,外形为结晶性白色粉末,广泛存在于果品、蔬菜、谷类、蘑菇之类食物和木材、稻草、玉米芯等植物中。它可用做甜味剂、营养剂和药剂在化工、食品、医药等工业中广泛应用。

木糖是一种五碳糖：$(C_5H_{10}O_5)$。

以硫酸为催化剂，在水解器中通入水蒸气升温加压蒸煮，多聚戊糖水解成戊糖。

$$(C_5H_8O_4)_n + nH_2O \xrightarrow{\text{水解}} nC_5H_{10}O_5$$

多聚戊糖　　　　　　　　戊糖

【拓展】

1. 中和脱酸工艺

中和脱酸工艺就是在净化水解液时采用中和法。20 世纪 60 年代，我国木糖醇在保定开始试生产时，就是采用这个方法，如保定厂的一号生产线。此法的工艺路线如下：

原料→水解→中和→浓缩→脱色→离子交换→浓缩→加氢→浓缩→结晶→分离→包装。

2. 离子交换脱酸工艺

为了解决中和脱酸带来的困惑，科技工作者和生产厂家的科技人员通过不懈的努力，研究开发了离子交换脱酸新工艺，如保定厂的二号生产线。离子交换脱酸工艺就是采用离子交换树脂利用离子交换的方法将硫酸根除去。此工艺也有两次交换和三次交换之分，但不管是两次交换还是三次交换都有属于离子交换的范畴。此法的工艺路线如下：

原料→水解→脱色→离子交换→浓缩→离子交换→加氢→离子交换→浓缩→结晶→分离→包装。

玉米芯的第二大用途便是制造糠醛。

戊糖脱去三个分子水而生成糠醛。

糠醛的分子式为 $C_5H_4O_2$，又称 2—呋喃甲醛。糠醛是呋喃环系最重要的衍生物，是一个重要的由农副产品中制得的产品。无色液体，具有与苯甲醛类似的气味。

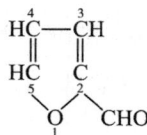

图 1-5-4　糠醛的结构式

糠醛是制备多种药物和工业产品的原料，由糠醛制得的 1,6-己二胺〔$H_2N—(CH_2)_6—NH_2$〕，为制取尼龙 66 的原料。

由糠醛制得的呋喃经电解还原，还可制成丁二醛，后者为生产药物阿托品的原料。许多糠醛的衍生物具有很强的杀菌能力。糠醛主要用作溶剂，它可有选择性地从石油、植物油中萃取其中的不饱和组分，也可从润滑油和柴油中萃取其中的芳香组分。糠醛可代替甲醛与苯酚缩合，制造酚醛树脂。

5.5 矿石的化工应用

磷矿、硫铁矿是化学矿山产量最大的两个产品。

磷矿是生产磷肥、磷酸、单质磷和磷酸盐的原料,85%以上的磷矿用于制造磷肥。而磷酸盐又用于制糖、医药、合成洗涤剂、饲料添加剂等行业。

硫铁矿主要用于制硫酸,世界上硫酸总产量一半以上用于生产磷肥和氮肥。

5.5.1 钾长石

长石是钾、钠、钙等碱金属或碱土金属的铝硅酸盐矿物,也叫做长石族矿物。通常分两大类——正长石和斜长石,正长石又称钾长石,其理论成分为 SiO_2(64.7%)、Al_2O_3(18.4%)、K_2O(16.9%),主要用于玻璃、陶瓷,还可用于制取钾肥,质量较好的钾长石用于制造电视显像玻壳等。

5.5.2 蛇纹石

蛇纹石是一种含水的富镁硅酸盐矿物的总称,主要用作烧制钙镁磷肥、炼钢熔剂、耐火材料、建筑用板材、雕刻工艺、提取氧化镁和多孔氧化硅,还用于医疗方面,如净化高氟水等。

化学成分:$(Mg,Fe,Ni)_3Si_2O_5(OH)_4$,常见伴生矿物方解石、滑石、磁铁矿等。

5.5.3 钠硝石

钠硝石又称智利硝石,天然产的硝酸钠,含 Na_2O(36.5%)、N_2O_5(63.5%),用于制造氮肥、硝酸、炸药和其他氮素化合物;还可用作冶炼镍的强氧化剂,玻璃生产中白色坯料的澄清剂,生产珐琅的釉药,人造珍珠的黏合剂等。

5.5.4 硅藻土

一种生物成因的硅质沉积岩,主要成分是 SiO_2,还有少量的 Al_2O_3、Fe_2O_3、CaO、MgO 等,质软、多孔而轻,工业上用作保温材料、过滤材料、填料、研磨材料和脱色剂等。

5.5.5 明矾石

由它可制取明矾,还可用来制造钾肥、硫酸,也可用来炼铝。化学成分为 $KAl_3(SO_4)_2(OH)_6$,K_2O 为 11.4%,Al_2O_3 为 37.0%,SO_3 为 38.6%,H_2O 为 13.0%;Na 常代替 K,其含量超过 K 时称钠矾石或钠明矾石,有时也有少量 Fe^{3+} 代替 Al^{3+}。

5.6 再生资源的开发利用

工农业生产和日常生活产生的废料都可以作为再生资源。

资源再生(resources regeneration)是指生产和消费过程中产生的废物作为资源加以回收利用。1984 年联合国欧洲经济委员会对无废技术的定义是"无废技术是一种生产产品的方法,借助这一方法,所有的原料和能源将在原料资源、生产、消费、二次原料资源的循环中得到最合理的利用,同时不致破坏环境"。

青岛市固体废物管理中心成立于 2002 年 12 月,隶属青岛市环境保护局,2003 年 8 月全面完成组建工作。

工业生产过程中产生的废弃物,经收集、处理重新进入生产领域,就像人体的静脉血流回心脏参加下一轮的循环,因此对废弃物的综合利用被称为"静脉产业"。青岛市以发展"静脉产业"作为治理环境污染的突破口,实现了经济、环境的双赢。

在山东省青岛市环境保护局的指导推动下,青岛市两大化工企业——青岛碱业股份有限公司、青岛海晶化工有限公司携手合作,实现了电石泥的资源化利用。长期以来,海晶化工为解决电石泥污染问题,投入大量人力物力,先后开发了电石泥制砖、制脱硫剂等项目,但每年仍有 5 万吨左右的电石泥无法处置。青岛碱业股份有限公司在纯碱生产过程中,需要大量石灰石(氢氧化钙)来分解母液中的氯化铵。这是继青岛钢铁集团、青岛红星化工厂联手实现铬渣资源化后,青岛市遵循循环经济理论,实现企业间资源循环利用的又一次突破,长期困扰青岛市环境的五大工业废渣(铬渣、白泥、电石泥、钢渣、粉煤灰)都找到了资源化利用的出路。

作业

化学的神秘和伟大之处在于能够创造新的物质,如何实现从原料到产品?要经历哪些过程?

项目二　认识化工生产过程

任务一　认识化工产品基本生产过程

学习目的及要求

了解化工产品基本生产过程和操作方式，了解工艺流程图的类型及意义，掌握工艺流程配置的一般原则和方法。

学习重点

化工生产过程的三大系统。

学习难点

工艺流程的配置。

新课导入

分组讨论交流上次作业。

从大的方面来讲，从原料到产品一般要经过化学反应过程，但并非所有原料都能直接进入反应过程，也并非经过反应过程后都能转化为我们想要的产品。为了更好地满足化学反应过程的需要，往往先要对原料进行预处理，如固体原料的粉碎、分级、混合、溶解，气体原料的净化、加压、加热，液体原料的蒸发、过滤等。由于化学反应过程中原料一般难以全部转化为目的产物，反应产物中会有部分未反应的原料和副产物。为了得到符合要求的产品，还必须进行后处理和分离提纯，如固体产品的结晶、干燥，气体产品的冷却、吸收，液体产品的精馏、萃取等。有时未反应的物料还需分离回收。前面我们曾讲过，不同的化工产品，其生产过程不尽相同；同一种化工产品，原料路线和加工方法不同，其生产过程也不尽相同。但一个化工生产过程一般都包括三个步骤，即原料的预处理、化学反应、产物的分离及精制，也由此构成了化工生产过程的三大系统——原料的预处理系统、化学反应系统、反应产物的分离或精制系统。

化工生产过程简称化工过程,主要是由化学处理的单元反应过程(如裂解、氧化、聚合、硝化、磺化等)和物理加工的单元操作过程(如输送、加热、冷却、分离等)组成。原料的预处理是化工生产工艺流程中的一个重要组成部分,其中包括原辅料的贮存、净化、干燥、加压和配置等操作。

原料预处理原则:首先解决化学上纯度的问题,用物理或化学方法将其转化为在化学上符合要求的物料,然后再去解决其他问题,这样既可以节省能量,又可以减少所含杂质在流程中的循环时间,减少对过程或产品的影响。原料预处理的节本原则如下:① 必须满足工艺要求。如气固相反应中,为了增大反应接触面积,固相的粒度应尽量小,但又不能太小,否则可能夹带严重,因此要寻找一个最佳的范围以满足工艺要求。② 尽可能选用精制后的原料,简便可靠、先进的预处理工艺。一般情况下,生产原料的厂家从源头上和过程中对产品的纯度加以控制,比使用厂家再次进行精制或精制要经济得多。对于原料的预处理尽可能选择简单、实用、可靠的方法,不宜使用复杂的大型化的化工单元过程。还应尽量采用先进的处理技术,以提高处理能力和处理效率。③ 应考虑能量的充分利用,尽量减少"三废"的产生。在生产中经常会用到换热操作,操作中的能量应充分利用,作为原料预处理的能量来源。如烧碱生产中,盐水进入电解槽前,充分利用电解产生的氯气、氢气的热量来预热。另外,在选择方案时应尽量减少在原料处理过程中产生"三废"。

化工生产过程既包括物理过程又包括化学反应过程,其中化学反应过程往往是生产过程的关键。化学反应条件对原料的预处理提出了一定的要求,反应进行的结果决定了反应产物的分离与提纯任务和未反应物的回收利用。一个产品的反应过程的改变将引起整个生产流程的改变。所以,反应过程是化工生产全局中起关键作用的部分。反应过程通常是在特定的反应器内进行,除了化学反应外,还涉及能量传递和质量传递,因此,反应过程不仅涉及化学反应的理论和规律,而且还要涉及对反应进程有直接影响的传递过程的理论和规律。

产物的分离和提纯是化工生产过程中的重要环节,大多数反应产物都是混合物,包括未反应的原料和反应产物,需要从中分离出所需要的产品,并使没反应的物料循环利用。所以,产物的分离和提纯对产品质量和经济效益有着极其重要的作用。产物的分离方法很多,选择时应充分了解欲分离混合物中各组分在物理、化学以及生物学方面的性质,避免在分离过程中的分解、聚合、变质和污染,同时还要考虑分离规模和能量的消耗。确定分离流程的经验规则和注意事项如下:①产物有固体物时,不论是目的产物还是废弃物,一般都要先分离出来,以免堵塞管道、设备。②产物中对目的产物有害的物质必须出去,甚至不惜能量的利用合理与否,这是工艺的要求。③优先把产物中未反应的物料分离出来,循环使用。④尽量选用简单的分离方法,一般按机械法分离—物理法分离—物理化学法分离—化学分离的顺序进行方法选择。

由于化工反应类型不同,有吸热反应和放热反应;有可逆反应和不可逆反应;有的反应需要在高温高压下进行,有的需要在催化剂的作用下才能进行,还有气相反应、液相反应及多相反应等。根据反应的特点及工艺条件不同,可供选择的反应器类型与结构也各种各样,再加上构成原料预处理和产品分离系统的单元操作及设备比较复杂,使得化工过程千变万化。但它们仍有相同之处,表现在都有为数不多的一些化学处理过程和物理处理过程组成,不同之处在于组成各过程的单元过程和单元操作不同,且这些单元组合的次序和方式、设备类型与结构各不相同。

从原料开始,物料流经一系列由管道联结的设备,经过包括物质物质和能量转换的加工,最后得到目的产物,将实施这些转换所需要的一系列功能单元和设备有机组合的次序和方式,称为工艺过程或工艺流程。

1.1 工艺过程或工艺流程

化工生产工艺流程反映了原料转化为产品所采取的化学和物理的全部措施,是原料转化为产品所需单元反应和化工单元操作的有机组合。工艺流程的基本组成如图2-1-1所示,它仅包含了化工过程的主要阶段。

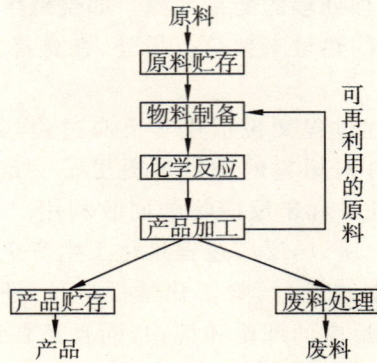

图 2-1-1 工艺流程基本组成示意图

由于化工产品生产的多方案性,工艺流程上还会有所不同,除了图 2-1-1 所示的各主要单元外,常见的还有冷却介质、加热介质、辅助材料(如吸收剂)处理、惰性气体制备及三废处理等阶段。在生产中,一种工艺流程可以用文字表述,也可以用图来描述;而且只要有公认的规范、代号和图例,用图要比文字更方便、直观、简洁。这种用来描述工艺流程的图就称之为工艺流程图。

1.2 工艺流程图

在生产上经常用到工艺流程图,作为我们高职化工专业的学生要能读懂图、看懂图。工艺流程图有多种形式,最简便的一种是方块图,以方块表示单元操作过程或设备,方块之间用带箭头的直线联结,箭头的方向表示物料流动的方向,并辅以文字说明。

如果描述一个企业，一个方框可以代表一个车间，如烧碱厂、液氯盐酸厂、CPE厂、PVC厂之间构成了工艺流程方框图；如果描述一个车间或一套装置，一个方框可代表一个工段、一个加工处理单元或设备，烧碱厂中的盐水工段、电解工段、蒸发工段、氯氢处理工段之间也构成了工艺流程方框图。画流程图时，一般按照原料转化为产品的顺序，采用由左向右、自上而下展开，车间或设备的名称可以表示在方框中，也可标在旁边。流程管线也可加注必要的文字说明，如原料从哪里来，产品、中间产物、废物去哪里等。

一种是工艺流程示意图，是对生产工艺的一般性说明。以形象的图像、符号和代号来表示化工设备、管道和主要附件等，按流程顺序排列，并区别必要的高地位置；用箭头表示物料及载能介质的流向，如醋酸乙烯酯合成工序工艺流程示意图，如图 2-1-2 所示。

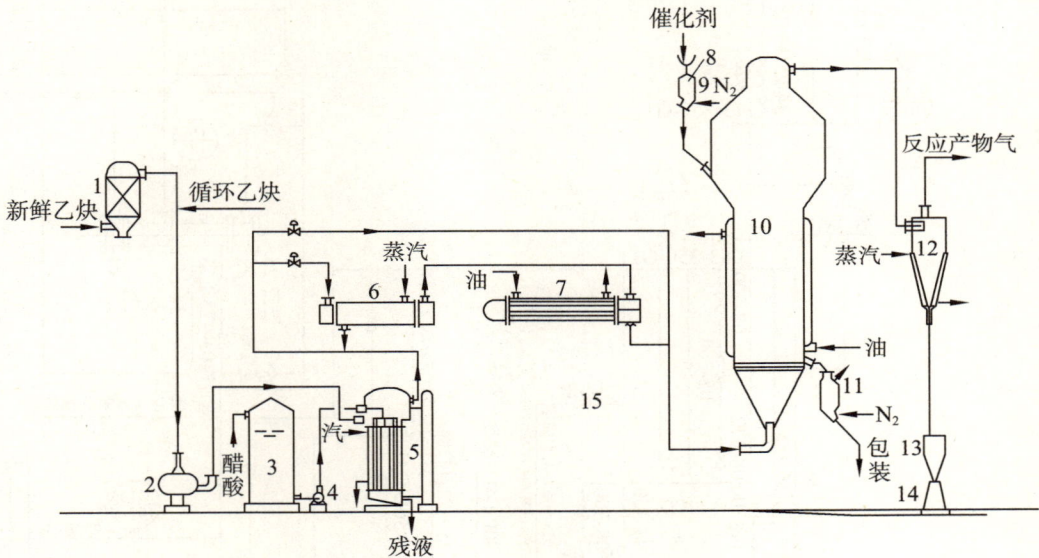

图 2-1-2 醋酸乙烯酯合成工序工艺流程示意图

1—吸附槽；2—乙炔鼓风机；3—醋酸储槽；4—醋酸加料泵；5—醋酸蒸发器；6—第一预热器；7—第二预热器；8—催化剂加入器；9—催化剂加入槽；10—流化床合成器；11—催化剂取出槽；12—粉末分离器；13—粉末受槽；14—粉末取出槽

还有一种以车间（装置）或工段（工序）为主项绘制的工艺流程图，称为带控制点的工艺流程图。它是组织和实施化工生产的技术文件，也称为施工流程图，要表示出全部工艺设备及其纵向关系、物料和管路及其流向、载能介质管路和流向、辅助管路、计量控制仪表及其测量—控制点和控制方案、地面及厂房各层标高、图例及标题栏等，如带控制点的醋酸乙烯酯合成工序工艺流程示意图（如图 2-1-3 所示）。

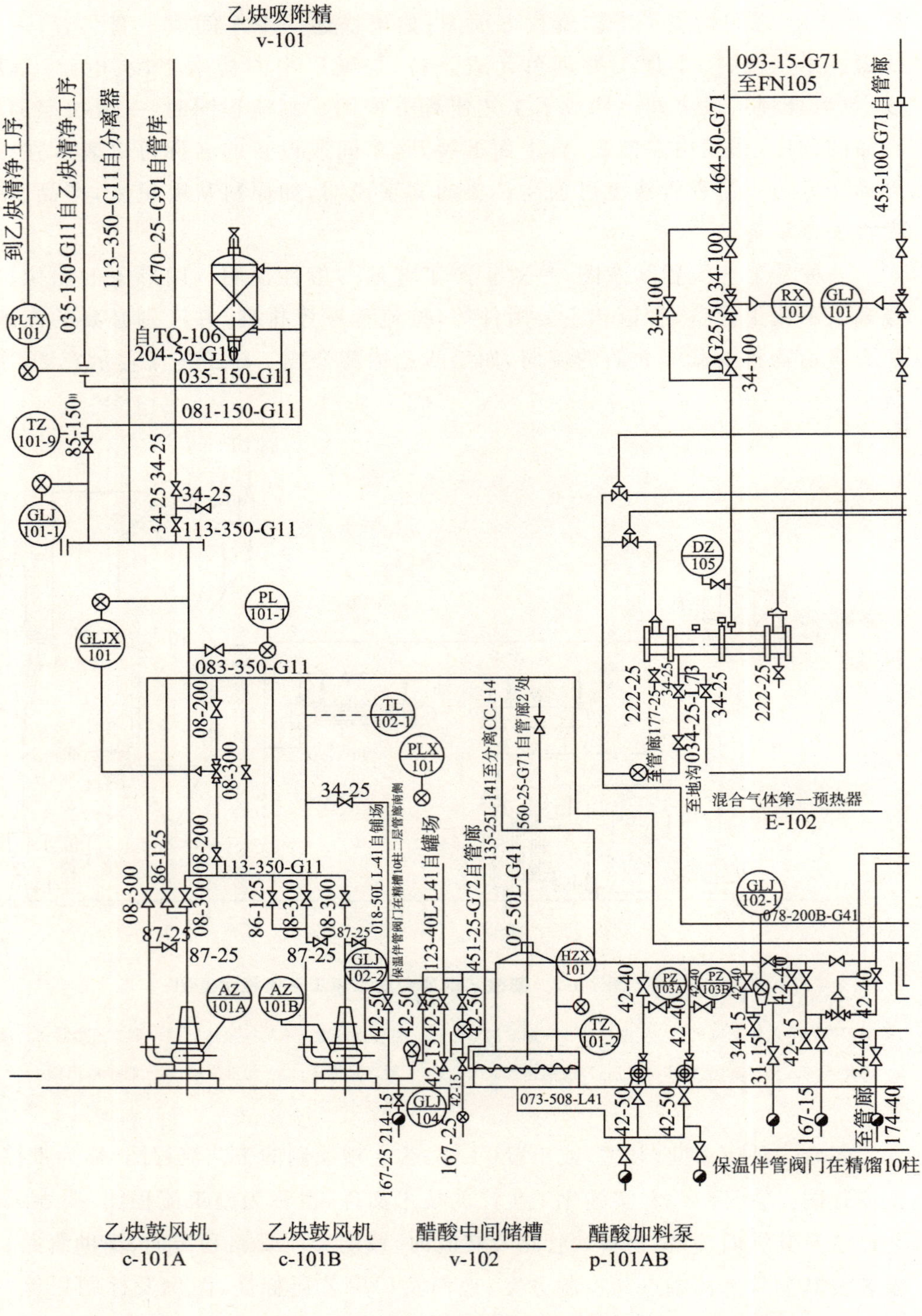

图2-1-3 带控制点的醋酸乙烯酯合成工序工艺流程示意图

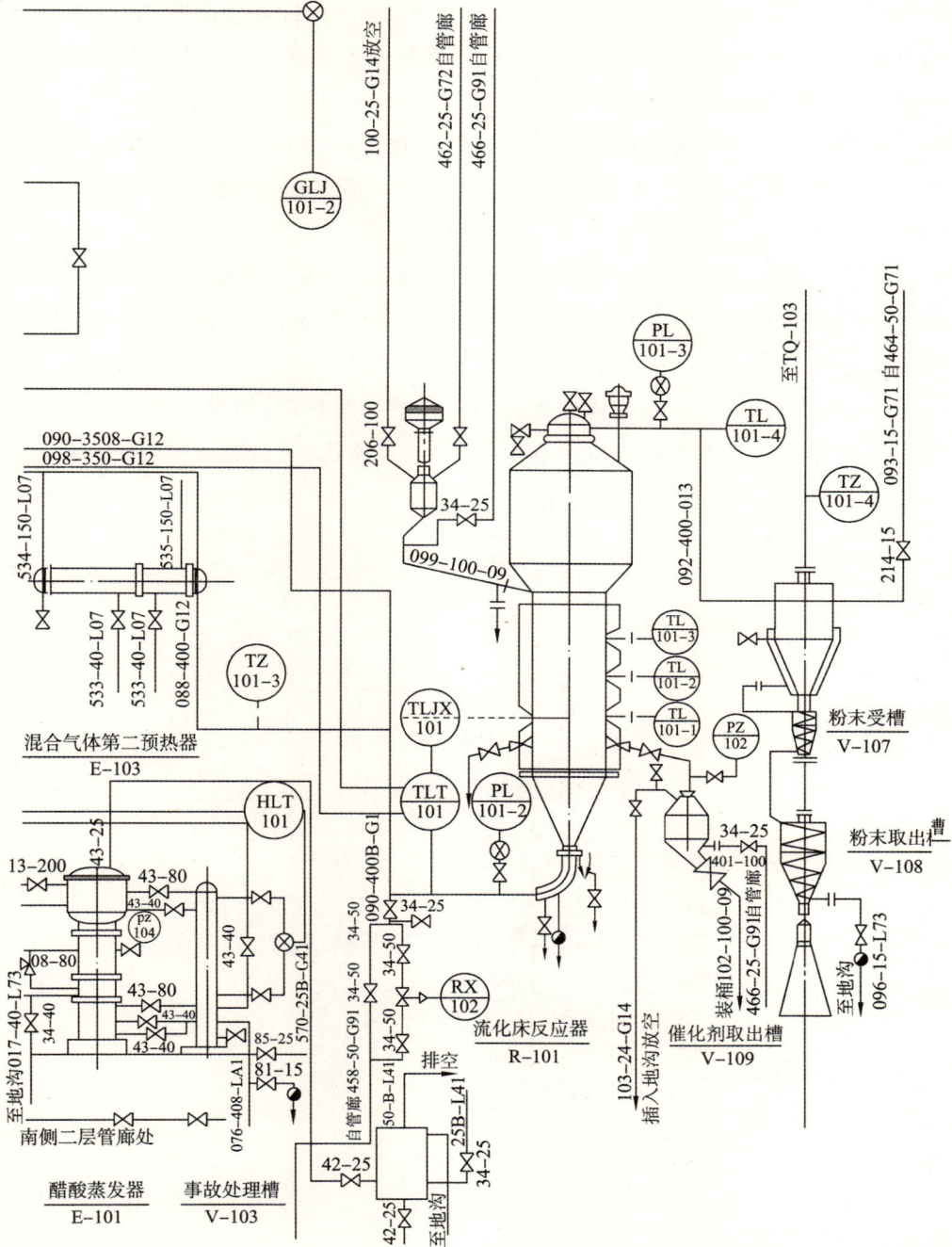

第一催化剂加入器　　第二催化剂加入器　　旋风分离器
V-104　　　　　　　V-105　　　　　V-106

GLJ
101-2

100-25-G14放空

462-25-G72自管廊

466-25-G91自管廊

093-15-G71 自464-50-G71

PL
101-3

TL
101-4

至TQ-103

TZ
101-4

214-15

092-400-013

206-100

34-25

090-3508-G12
098-350-G12

534-150-L07

535-150-L07

533-40-L07

533-40-L07

088-400-G12

099-100-09

TL
101-3

TL
101-2

TL
101-1

PZ
102

粉末受槽
V-107

TZ
101-3

TLJX
101

粉末取出槽
V-108

混合气体第二预热器
E-103

TLT
101

PL
101-2

34-25

401-100

装桶102-100-09

466-25-G91自管廊

HLT
101

43-25

13-200

43-80

pz
104

43-40

43-40

43-40

08-80

43-80

43-40

43-40

090-400B-G1

34-50

34-50

34-50

34-25

RX
102

流化床反应器
R-101

103-24-G14
插入地沟放空

催化剂取出槽
V-109

至地沟
096-15-L73

至地沟017-40-L73

34-40

85-570-25B-G41

81-15

076-408-LA1

南侧二层管廊处

自管廊 458-50-G91 34-50

50-B-L41

25B-L41

42-25

醋酸蒸发器
E-101

事故处理槽
V-103

42-25

至地沟

34-25

1.3 工艺流程的配置

一般原则:工艺路线技术先进、生产操作安全可靠、经济指标合理有利;物料和能量利用充分、合理;单元操作适宜,设备选型合理;工艺流程连续化和自动化;安全措施得当,三废治理有效;工艺流程的整体性优化。

配置方法:在遵循一般原则的基础上,按照每一化工生产过程所包括的三大系统(原料的预处理系统、化学反应系统、反应产物的精制或分离系统)来进行,并充分考虑节能、环保和效益问题。

小结:在整个产品生产过程中,反应过程起主导作用,而原料预处理过程和产物的分离过程起从属作用,即根据化学反应的条件和要求对原料进行预处理,根据化学反应的结果对产物进行分离。

为了便于配置流程,根据若干具体到特殊的工艺流程分析,总结出工艺流程中一般包括的设备,形成了化工工艺流程配置示意图如图 2-1-4 所示。

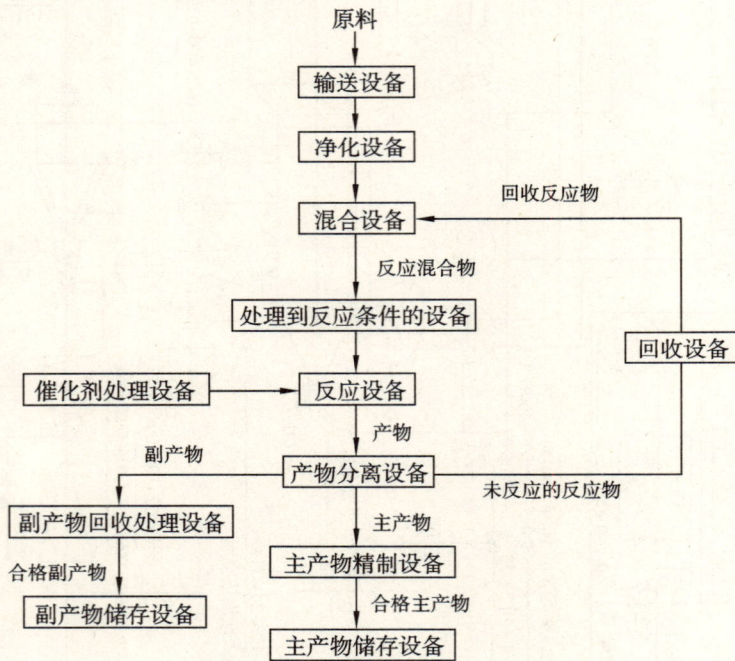

图 2-1-4 化工工艺流程配置示意图

1.4 化工过程的操作方式

化工生产过程中,无论是化学单元过程中反应器的操作,还是化工单元操作,按其操作方式可分为间歇、连续和半间歇操作。连续过程是物料连续不断地进入系统,产物连续不断地离开系统,进入系统的原料量与从系统中取出的产品量相等,设备中各点物料性质不随时间而变化,如电解食盐水;间歇过程是将原料一次加入设备,经过一定时间,完成某一阶段反应后,卸出成品或半成品,然后更换新原料,重新开始重复的操作步骤,如氯乙烯聚合。过程比较简单,投资费用低;半间歇操作时一次投入原料,连续不断地取出产物,或连续不断地加入原料,一定时间后一次取出产品,还有一种物料分批加,另一种物料连续加入,连续或间歇地取出产物。

任务二 认识典型化工生产过程

学习目的及要求

掌握烃类热裂解、氧化、羰基化、聚合、氯化等化工生产过程的基本概念和特点；理解典型化工生产过程的基本原理和基本规律；了解典型化工生产过程在工业上的应用。

学习重点

烃类热裂解、氧化、羰基化、聚合、氯化过程的工业应用。

学习难点

典型化工生产过程的基本原理。

新课导入

分组交流上次作业。

2.1 烃类热裂解过程

2.1.1 基本概念

烃类热裂解过程是指将烃类原料（天然气、炼厂气、石脑油、轻油、柴油、重油等）在高温（750℃以上）、隔绝空气的条件下，发生碳链断裂或脱氢反应，生成分子量较小的烯烃、烷烃和其他相对分子质量不同的轻质和重质烃类的化学过程。

裂化是指大分子烃在高温、高压或有催化剂的条件下分裂成小分子的过程。

裂解即深度裂化，产物均为气体。

如果单纯加热而不使用催化剂的裂解称热裂解；使用催化剂的热裂解称为催化热裂解；使用添加剂的裂解，因添加剂的不同，有水蒸气热裂解、加氢裂解等。在石油化学工业中，使用最广泛的是水蒸气热裂解，一般的裂解或热裂解如不加说明，均指水蒸气热裂解。

特点：

① 原料复杂：烃类热裂解的原料包括天然气、炼厂气、石脑油、轻油、柴油、重油甚至

是原油、渣油等。

② 反应复杂：烃类热裂解的反应除了断裂或脱氢主反应外，还包括环化、异构、烷基化、脱烷基化、缩合、聚合、生焦、生碳等副反应。

③ 产物复杂：即使采用最简单的原料乙烷，其产物中除了 H_2、CH_4、C_2H_4、C_2H_6 外，还有 C_3、C_4 等低级烷烃和 C_5 以上的液态烃。

2.1.2　工业应用

由于烃类热裂解过程可获得乙烯、丙烯和丁二烯等低级烯烃分子，而且这些分子中具有黄键，化学性质活泼，能和许多物质发生加成、共聚等反应，生成一系列重要的产物，所以烃类热裂解过程是化学工业获取重要基本有机原料的主要手段。通过裂解得到的低级不饱和烃中，乙烯产量最大，也最为重要，它是石油化学工业的龙头与核心。乙烯的产量已成为衡量一个国家石油化工发展水平的重要标志，因此，烃类热裂解过程在国民经济建设和发展中具有十分重要的地位和作用。

2.1.3　基本原理

烃类热裂解反应过程十分复杂，即便是单一组分原料进行裂解，所得产物也很复杂，且随着裂解原料组成的复杂化、重质化，裂解反应的复杂性及产物的多样性难以简单描述。尽管如此，但可以将复杂的裂解反应归纳为一次反应和二次反应。

2.1.3.1　一次反应

由原料烃类经裂解生产乙烯和丙烯的反应。

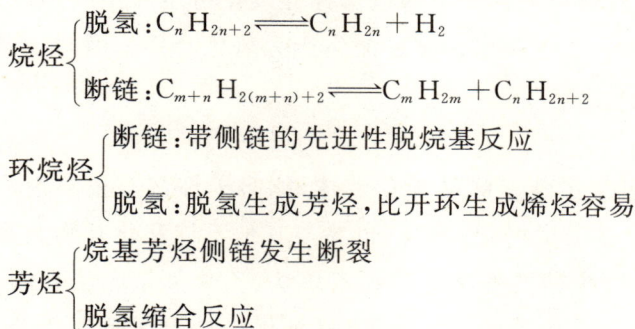

$$烷烃\begin{cases} 脱氢：C_nH_{2n+2} \Longleftrightarrow C_nH_{2n}+H_2 \\ 断链：C_{m+n}H_{2(m+n)+2} \Longleftrightarrow C_mH_{2m}+C_nH_{2n+2} \end{cases}$$

$$环烷烃\begin{cases} 断链：带侧链的先进性脱烷基反应 \\ 脱氢：脱氢生成芳烃，比开环生成烯烃容易 \end{cases}$$

$$芳烃\begin{cases} 烷基芳烃侧链发生断裂 \\ 脱氢缩合反应 \end{cases}$$

2.1.3.2　二次反应

一次反应生成的乙烯、丙烯等低级烯烃进一步发生反应，生成多种产物，甚至最后生成焦或炭。

那么，生产中是希望发生一次反应还是二次反应？

——烯烃经炔烃生成碳（裂解过程中生成的乙烯在 900℃～1000℃ 或更高的温度下

经过乙炔阶段而生碳）。

——烯烃经芳烃结焦（高沸点稠环芳烃是馏分油裂解结焦的主要母体，裂解焦油中含大量稠环芳烃，裂解生成的焦油越多，裂解过程中结焦越严重）。

2.2 氧化过程

2.2.1 基本概念

2.2.1.1 氧化过程

氧化过程是以氧化反应为核心，生产大宗化工原料和中间体的重要化工生产过程。

2.2.1.2 烃类氧化

烃类的氧化是反应产物最复杂的氧化过程，可分为完全氧化和部分氧化两大类。完全氧化是指烃类化合物在氧气下进行反应，最终生成 CO_2 和 H_2O，不仅消耗原料，得不到目的产物，而且反应过程放热使反应难以控制，所以应该严格控制完全氧化反应的发生；烃类的部分氧化，即选择性氧化，是指烃类及其衍生物中少量氢和碳原子与氧化剂（通常是氧）发生反应，而其他氢和碳原子不与氧化剂反应。烃类的氧化产物都是通过部分氧化得到的，如醛、醇、酮、酯、酸酐都是在催化剂的存在下进行选择性氧化而生成的。

2.2.2 工业应用

氧化过程在化学工业中具有极其重要的作用，应用非常广泛。据统计，全球生产的50％以上的主要化学品与选择性氧化有关。烃类通过选择性氧化可生产出附加值更高的化学品。通过氧化过程，不仅能生产含氧化合物还能生产无氧化合物。因此，氧化过程在化学工业中占有十分重要的地位。

[例1]：丙烯氨氧化制丙烯腈

丙烯腈在室温和常压下，具有刺激性臭味的无色液体，能溶于许多有机溶剂，与水部分互溶。分子中有双键和氰基，性质活泼，易聚合，也易与其他不饱和化合物共聚，是三大合成材料的重要单体。生产丙烯腈的方法有环氧乙烷法、乙炔氢氰酸法和丙烯氨氧化法。由于前两者技术经济上落后于后者，所以丙烯氨氧化法是丙烯腈生产的主要路线。

该法以丙烯、氨和空气为原料在流化床反应器中反应生成丙烯腈，并伴随副反应产物乙腈和氢氰酸等。

主反应：

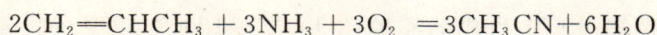
$$2CH_2=CHCH_3 + 3NH_3 + 3O_2 = 3CH_3CN + 6H_2O$$

副反应产物分为三类：一类是氰化物，一类是有机含氧化合物，第三类是深度氧化物——一氧化碳和二氧化碳。

[例2]乙烯氧化法生产环氧乙烷

环氧乙烷又称氧化乙烯，在常温下是无色、有醚味的气体（沸点为 0.5℃），易液化，并能以任何比例与水及大多数有机溶剂互溶。它是一种最简单的环醚，因分子中有三元环氧结构，易断裂，可发生多种反应，应用领域十分广泛。环氧乙烷主要用于生产乙二醇，占其总用量的 60%，而乙二醇则广泛用于生产非离子型表面活性剂、药物中间体、合成洗涤剂、农药、防腐涂料等，形成了所谓的环氧乙烷系列精细化工产品。环氧乙烷的产量在乙烯产品中仅次于聚乙烯而居第二位，是石油化工需求量最大的中间体之一。

主反应：乙烯与空气或纯氧在银催化剂上进行直接氧化。

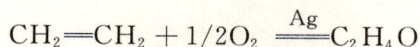

$$CH_2\!=\!CH_2 + 1/2O_2 \xrightarrow{\text{Ag}} C_2H_4O$$

在工业生产中，反应产物主要是环氧乙烷、二氧化碳和水，生成甲醛、乙醛的量极少，可忽略不计。

[例3]：乙烯液相直接氧化法生产乙醛

原理：该法以乙烯、氧气（空气）为原料，在催化剂氯化钯、氯化铜的盐酸溶液中进行气液相反应生成乙醛。

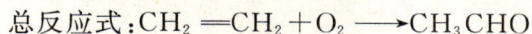

总反应式：$CH_2\!=\!CH_2 + O_2 \longrightarrow CH_3CHO$

乙烯液相氧化法的副反应主要是乙烯深度氧化及加成反应。实际过程分为以下三步。

快速的乙烯氧化反应：

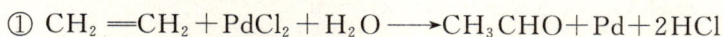

① $CH_2\!=\!CH_2 + PdCl_2 + H_2O \longrightarrow CH_3CHO + Pd + 2HCl$

控制总反应速度的再生反应：

② $Pd + 2CuCl_2 \longrightarrow PdCl_2 + 2CuCl$

③ $2CuCl + 1/2O_2 + 2HCl \longrightarrow 2CuCl_2 + H_2O$

问题：请指出上述体系中氧化剂、催化剂。

总结：当乙烯被氧化成乙醛时，氯化钯被还原成金属钯，从催化剂溶液中析出而失去催化活性。在上述反应体系中，氯化铜是乙烯氧化成乙醛的氧化剂，而氯化钯则是催化剂。反应机理是通过乙烯与钯盐形成钯——烯烃中间络合物二进行的（均相配位催化氧化）。

[例4]：天然气直接氧化制甲醛

尽管人们对甲醛有些"恐惧"，但甲醛是重要的有机合成原料，易进行各种聚合、缩合反应，以甲醛为原料可制得酚醛树脂、脲醛树脂、聚甲醛、乌洛托品、季戊四醇等化工产品,在印染、皮革、造纸、医药、石油等工业部门中也有相当重要的用途。

甲醛的生产方法很多,目前工业上主要采用两种方法——两步法和一步法。所谓两步法,就是先将烃类原料制成甲醇,然后在常压、500℃~600℃以及铂银或铜催化剂的作用下用空气将甲醇氧化成甲醛。

$$CH_3OH + 1/2O_2 \longrightarrow HCHO + H_2O$$

该法转化率高,原料利用好,但工艺复杂,需高压设备且流程长。

一步法:利用低级烷烃,在催化剂的作用下,在空气中直接氧化制取甲醛。以天然气为原料,其催化剂为硼砂和氧化钠。

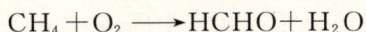

$$CH_4 + O_2 \longrightarrow HCHO + H_2O$$

一步法设备简单,流程短,投资少,建设周期短,不需要高压设备,但一步法转化率低(单程仅 2%~3%),原料利用率较差。

[例 5]:天然气部分氧化法制乙炔

目前,世界上乙炔的来源主要有三条途径,即天然气、电石和乙烯副产品。天然气裂解生产乙炔的反应使高温吸热反应,其生产过程按供热方式可分为三大类——电弧法、热裂解法和部分氧化法。电弧法是最早工业化的天然气制乙炔的方法,至今仍在工业中应用。此方法利用电弧产生的高温和热量使天然气裂解成乙炔。

热裂解法是利用蓄热炉将天然气燃烧产生的热量储存起来,然后再将天然气切换到蓄热炉使之裂解产生乙炔。

部分氧化法是天然气制乙炔的主体方法,利用天然气燃烧形成的高温和产生的热量为甲醛裂解制乙炔创造了条件,其典型的代表工艺是 BASF 的部分氧化工艺。

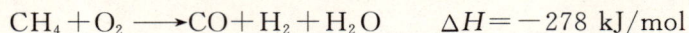

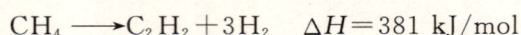

$$CH_4 + O_2 \longrightarrow CO + H_2 + H_2O \qquad \Delta H = -278 \text{ kJ/mol}$$

$$CO + H_2 \longrightarrow CO_2 + H_2 \qquad \Delta H = -41.9 \text{ kJ/mol}$$

$$CH_4 \longrightarrow C_2H_2 + 3H_2 \qquad \Delta H = 381 \text{ kJ/mol}$$

天然气制乙炔生产 PVC 工艺。

2.2.3 基本原理

2.2.3.1 均相催化氧化过程

近 40 年来,在金属有机化学发展的推动下,均相催化氧化过程以其高活性和高选择性引起人们的关注。均相催化氧化通常指气-液相氧化反应,习惯上称为液相氧化反应,一般具有以下特点:

① 反应物与催化剂同相,不存在固体表面上活性中心性质及分布不均匀的问题,作为活性中心的过渡金属活性高,选择性好;

② 反应条件不太苛刻,反应比较平稳,易于控制;

③ 反应设备简单,容积较小,生产能力高;

④ 反应温度通常不太高,因此,反应热利用率较低;

⑤ 在腐蚀性较强的体系时要采用特殊材质;

⑥ 催化剂多为贵金属,因此必须分离回收;

⑦ 能耗较低,较节能。

均相催化氧化反应有多种类型,工业上常用催化自氧化和络合催化氧化两类反应。此外,还有烯烃的液相环氧化反应。

2.2.3.2 非均相氧化过程

非均相催化氧化过程在化学工业中占有重要地位,主要指气态原料在固体催化剂的存在下,以气态氧作为氧化剂生产相应产品的过程。

非均相催化氧化反应两大特点:

①反应过程复杂——扩散、吸附、表面反应、脱附和扩散;

②传热问题突出——催化剂颗粒内、催化剂颗粒与气体间、床层与管壁间传热。催化剂载体导热性能欠佳,常用惰性固体稀释催化剂。

【拓展】催化剂

在化学反应里能改变反应物的化学反应速率(既能提高也能降低)而不改变化学平衡,且本身的质量和化学性质在化学反应前后都没有发生改变的物质叫做催化剂(固体催化剂也叫做触媒)。据统计,约有 90% 以上的工业过程中使用催化剂。

催化剂种类繁多,按状态可分为液体催化剂和固体催化剂;按反应体系的相态分为均相催化剂和多相催化剂。均相催化剂有酸、碱、可溶性过渡金属化合物和过氧化物催化剂。多相催化剂有固体酸催化剂、有机碱催化剂、金属催化剂、金属氧化物催化剂、络合物催化剂、稀土催化剂、分子筛催化剂、生物催化剂、纳米催化剂等。按照反应类型又分为聚合、缩聚、酯化、缩醛化、加氢、脱氢、氧化、还原、烷基化、异构化等催化剂;按照作用大小还分为主催化剂和助催化剂。

催化剂和反应物同处于一相,没有相界存在而进行的反应,称为均相催化作用,能起均相催化作用的催化剂为均相催化剂。均相催化剂包括液体酸、碱催化剂和色可赛思固体酸和碱性催化剂、可溶性过渡金属化合物(盐类和络合物)等。均相催化剂以分子或离子独立起作用,活性中心均一,具有高活性和高选择性。

多相催化剂又称非均相催化剂,用于不同相(Phase)的反应中,即和它们催化的反应物处于不同的状态。例如,在生产人造黄油时,通过固态镍(催化剂),能够把不饱和的植物油和氢气转变成饱和的脂肪。固态镍是一种多相催化剂,被它催化的反应物则是液态（植物油）和气态（氢气）。一个简易的非均相催化反应包含了反应物（或 zh－ch：底物；zh－tw：受质）吸附在催化剂的表面，反应物内的键因断裂而导致新键的产生，但又因产物与催化剂间的键并不牢固，而使产物脱离反应位等过程。现已知许多催化剂表面发生吸附、反应的不同的结构。

固体催化剂由主催化剂、助催化剂和载体三部分组成。主催化剂是活性主体，助催化剂改善主催化剂性能，载体起承载和分散作用。

常见的载体一般为活性炭载体，它是由低灰分的煤加工而成的，750℃～950℃高温水蒸气活化，以氧化（或烧掉）成型后炭粒内部挥发组分，形成许多维系的"孔穴"和"通道"。

活性和选择性是催化剂两个重要的性能指标。

活性：改变化学反应速率的能力。取决于催化剂本身的化学特性和微孔结构。催化剂的活性高，原料的利用率高，反应温度降低，主反应速率升高，生产能力（效率）大（高），经济效益好。

选择性：加速主反应速率的能力。当活性与选择性矛盾时，取决于原料及产品的净化。

失活：从理论上讲，在化学反应前后催化剂本身的质量和化学性质都没有发生改变，但在实际使用过程中，一些外部因素会影响其使用寿命，使其失去活性，主要有化学稳定性、热稳定性、机械稳定性和耐毒性四个影响因素。可以归纳为以下一些种类：

① 永久性失活：催化剂活性组分受某些外来成分的作用（中毒）而失去活性，往往是永久性失活。这些外来成分多是与催化剂的活性组分发生化学反应或离子交换而导致活性成分发生变化。如酸性催化剂被碱中和，贵金属催化剂被硫化物或氮化物中毒等。催化剂中毒的失活往往表现为活性迅速下降。活性组分在使用过程中被磨损或升华造成丢失也导致永久性失活，这类失活往往难以简单地恢复。

② 活性组分被覆盖而逐渐失活，是非永久性失活。如反应过程产生的积炭，覆盖了活性组分或堵塞了催化剂的孔道，使反应物无法与活性组分接触。这些覆盖物通过一定的方法可以除去，如被积碳而失活可以通过烧炭再生而复活。

③ 错误的操作导致催化剂失活，如过高的反应温度，压力剧烈的波动导致催化剂床层的混乱或粉碎等，这类失活是无法恢复的。

活化：催化剂在使用时需要进行活化，为节省资源，保护环境，一般对使用后的催化剂进行再生处理。生产过程中要注意三个温度，即反应的起始温度必须达到催化剂的活性温度以上，反应的最高温度不能超过催化剂的耐热温度（即热点温度），起始温度和热点温度即反应的操作温度范围（又称活性温度范围）。

催化剂在现代化学工业中占有极其重要的地位。例如，合成氨生产采用铁催化剂，硫酸生产采用钒催化剂,乙烯的聚合以及用丁二烯制橡胶等三大合成材料的生产中,都采用不同的催化剂。据统计,约有90％以上的化工生产过程使用催化剂(如氨、硫酸、硝酸的合成,乙烯、丙烯、苯乙烯等的聚合,石油、天然气、煤的综合利用,等等),目的是加快反应速率、提高生产效率。在资源利用、能源开发、医药制造、环境保护等领域,催化剂也大有作为,科学家正在这些领域探索适宜的催化剂以期在某些方面有新的突破。

以烯烃和芳烃为原料制得的氧化产品占总氧化产品的80％以上。

典型的非均相催化氧化过程(例2)——乙烯氧化法生产环氧乙烷。

2.3　羰基化过程

2.3.1　基本概念

有机化合物分子中引入羰基称为羰基化,以羰基化反应为主的生产过程,即为羰基化过程,主要包括以下几类反应。

2.3.1.1　氢甲酰化反应：—H，—CHO,罗兰反应

$$CH_2{=}CH_2 \longrightarrow CH_3CH_2CHO$$

2.3.1.2　氢羧基化反应：—H，—COOH

不饱和化合物在水存在下的羰基化。

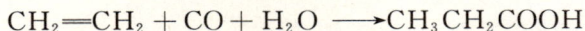

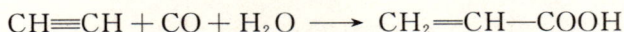

$$CH_2{=}CH_2 + CO + H_2O \longrightarrow CH_3CH_2COOH$$
$$CH{\equiv}CH + CO + H_2O \longrightarrow CH_2{=}CH{-}COOH$$

2.3.1.3　氢酯化反应：—H，—COOR

不饱和烃在醇存在下的羰基化。

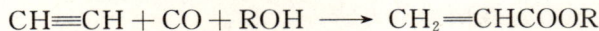

$$CH{\equiv}CH + CO + ROH \longrightarrow CH_2{=}CHCOOR$$

2.3.1.4　炔羰基化：乙炔在羧酸、卤化物、硫醇或胺存在下的羰基化

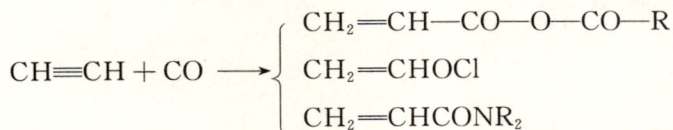

$$CH_2{=}CH{-}CO{-}SR$$

$$CH{\equiv}CH + CO \longrightarrow \begin{cases} CH_2{=}CH{-}CO{-}O{-}CO{-}R \\ CH_2{=}CHOCl \\ CH_2{=}CHCONR_2 \end{cases}$$

2.3.1.5　醇羰基化

① 甲醇羰基化合成乙酸——孟山都法。

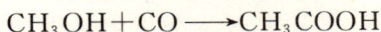

$$CH_3OH + CO \longrightarrow CH_3COOH$$

② 乙酸甲酯羰基化合成醋酐。

甲醇羰基化制乙酸：$CH_3OH + CO \longrightarrow CH_3COOH$

乙酸酯化制乙酸甲酯：$CH_3COOH + CH_3OH \longrightarrow CH_3COOCH_3$

乙酸甲酯合成醋酐：$CH_3COOCH_3 + CO \longrightarrow (CH_3COO)_2O$

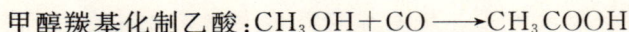

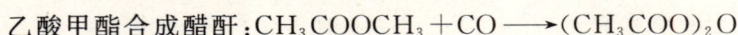

③ 甲醇羰基化合成甲酸。

$$CH_3OH + CO \longrightarrow HCOOCH_3 \longrightarrow HCOOH + CH_3OH$$

2.3.2 工业应用

羰基化过程主要用于烯烃羰基化生产高级醇和醇类羰基化——甲醇羰基化反应。

碳酸二甲酯（DMC）是备受关注的绿色化工产品，是一种优良的甲基化试剂、羰基化试剂。其分子中含有甲基、甲氧基、羰基等多种官能团，具有良好的反应活性。1992 年在欧洲通过了非毒性化学品的注册登记，属于无毒或微毒化工产品，特别是替代有致癌嫌疑的硫酸二甲酯（DMS）。另外，以 DMC 为原料可以开发许多高附加值精细化工产品。所以被誉为 21 世纪有机合成的一个"新基块"，其发展将对煤化工、甲醇化工、碳一化学起到巨大的推动作用。其合成方法有三类，分别为光气法、合成方法和甲醇氧化羰基化法酯交换法。

甲醇氧化羰基化法是以甲醇、一氧化碳和氧气为原料，原料价廉易得，投资少、成本低且理论上甲醇全部转化为 DMC，受到工业界的极大重视，被认为是最有前途的生产方法，也是各国重点研究、开发的技术路线。

华东理工大学开发了甲醇液相氧化羰基化合成 DMC 技术。

直接合成法：$CO_2 + 2CH_3OH \longrightarrow (CH_3O)_2CO + H_2O$

华东理工大学研究了该工艺，反应以镁粉为催化剂，在高压釜中进行，甲醇既做原料又做溶剂，唯一的副产物是甲酸甲酯。该法原料易得，从经济和环保的角度上看，开发前景较好，不存在爆炸极限问题，是最有发展前途的方法。

2.3.3 基本原理

羰基化反应是典型的配位催化反应。

2.3.4 实例

丙烯羰基化合成（丁）辛醇。

（丁）辛醇是随着石油化工、聚氯乙烯材料工业及羰基合成工业技术的发展而迅速发展起来的，其工业生产方法主要有乙醛缩合法、发酵法、羰基合成法等。

羰基合成法是当今最主要的（丁）辛醇的生产技术，其工艺过程为丙烯氢甲酰化反应、粗醛精制得到正丁醛和异丁醛，正丁醛和异丁醛加氢得到正丁醇和异丁醇，正丁醛经缩合加氢得到辛醇。

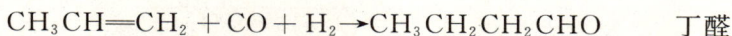

$$CH_3CH=CH_2 + CO + H_2 \rightarrow CH_3CH_2CH_2CHO \qquad 丁醛$$

$$2CH_2CH_2-CH_2CHO \xrightarrow{OH^-} CH_3CH_2CH_2CH=C \qquad 辛烯醛$$

$$CH_3CH_2CH_2CH=C(C_2H_5)CHO + H_2 \qquad 2\text{-乙基己醇(简称辛醇)}$$

丙烯羰基合成法分为高压法、中压法和低压法。高压羰基合成技术由于选择性较差,副产品较多,已被以铑为催化剂的低压法所取代。低压羰基合成技术是在 20 世纪 70 年代中期出现的,是(丁)辛醇生产技术的一大突破。

1976 年,Davy Mc—kee、ucc、Johnson Matthey 三家公司联合开发的低压铑法羰基合成丁醛工业装置投产成功。

羰基合成在精细化工方面的应用很广。例如在香料方面,长链醛本身可做香料,如十一醛、2-甲基十一醛、十九醛。以天然的萜烯为原料羰基合成制备特殊结构的醛和醇,也是重要的香料或香料中间体。

在医药中间体方面,用改性铑催化剂进行特殊结构烯烃的羰基合成,其产物是制备维生素 A 的原料。

在天然产物合成反面,用羰基合成法制备类胡萝卜素中间体等。

2.4 聚合过程

2.4.1 基本原理

聚合反应是指由低分子单体合成聚合物的反应。通过聚合反应,使小分子化合物转变为高分子化合物的过程称为聚合过程。

聚合反应主要有以下两种分类方法:

① 按是否析出低聚物可分为缩聚和加聚;

② 按反应机理可分为逐步聚合和链式聚合(连锁聚合)。

聚合方法可分为本体聚合、悬浮聚合、溶液聚合和乳液聚合。四种聚合方法的不同特点及工业应用如下。

本体聚合主要用于聚甲基丙烯酸甲酯(PMMA)、高压聚乙烯、聚苯乙烯(PS)的生产。

溶液聚合主要用于聚醋酸乙烯酯、聚丙烯酸酯的生产。

悬浮聚合主要用于聚氯乙烯(PVC)、聚苯乙烯(PS)、聚甲基丙烯酸甲酯(PMMA)的生产。

乳液聚合主要用于丁苯橡胶、丁腈橡胶、氯丁橡胶的生产。

比较项目	本体聚合	悬浮聚合	溶液聚合	乳液聚合
配方组分	单体、引发剂	单体、引发剂;分散剂、水	单体、引发剂;溶剂	单体、引发剂;乳化剂、水
聚合场所	本体内	悬浮液滴内	溶液中	胶束、单体—聚合物、胶粒
温度控制	难	易	较易	易
分子量调节	难,相对分子质量分布宽	难,相对分子质量分布宽	易,相对分子质量较低,相对分子质量分布窄	易,相对分子质量分布较宽
反应速率	前期快、后期慢	较快	较慢	很快
操作和分离	需良好的搅拌和散热	搅拌;过滤、洗涤、干燥	回收溶剂,分离单体;造粒、干燥	凝聚、洗涤、过滤、干燥
产品特征	纯净,可直接成型为管、棒及透明制品	纯净,直接得粉状聚合物	聚合溶液可直接使用	胶乳可直接使用,固体产物纯度不高

2.4.2 工业应用

2.4.2.1 本体聚合——高压法生产聚乙烯(LDPE)

聚乙烯(polyethylene,简称PE)是乙烯经聚合制得的一种热塑性树脂,是塑料工业中产量最高的品种。PE是不透明或半透明、质轻的结晶性塑料,具有优良的耐低温性能(最低使用温度可达$-70℃～-100℃$),电绝缘性、化学稳定性好,能耐大多数酸碱的侵蚀,但不耐热,常温下不溶于一般溶剂,吸水性小,电绝缘性优良。PE根据密度的不同可分为LDPE(低密度聚乙烯)、HDPE(高密度聚乙烯)、LLDPE(线性低密度聚乙烯)。

（1）PE的合成方法。

按其聚合压力的不同可分为高压聚合法、低压聚合法和中压聚合法.在聚乙烯聚合生产中三种方法都有应用,其产品也略有差异。用三种方法聚合的聚乙烯,它们的结构、密度和性能又各有特点。

高压法聚合的聚乙烯,是在100M～300MPa的高压下,用有机过氧化物为引发剂聚合而成的,也可把这种聚乙烯叫做高压聚乙烯。其密度在$0.910～0.935 \ g/cm^3$范围内,若按密度分类,称其为低密度聚乙烯(Low Density Polyethylene 简称LDPE);通过注塑、挤塑、吹塑等加工方法,主要生产农膜、工业用包装膜、药品与食品包装薄膜、机械零件、日用品、建筑材料、电线、电缆绝缘、涂层和合成纸等。

低压法聚合的聚乙烯，是用齐格勒催化剂（有机金属）或金属氧化物为催化剂，则乙烯可在低压条件下聚合成聚乙烯，所以，以前人们也称之为低压聚乙烯。低压法聚合的聚乙烯密度为 $0.955 \sim 0.965 g/cm^3$。与高压法聚合的聚乙烯相比，低压法聚合的聚乙烯不只是密度高，其拉伸强度和撕裂强度也都高于高压法生产的聚乙烯。由于其密度值较高，所以，又称其为高密度聚乙烯（High Density Polyethylene 简称 HDPE）。HDPE具有较高的耐温性、耐油性、耐蒸汽渗透性及抗环境应力开裂性，此外电绝缘性和抗冲击性及耐寒性能很好。采用注塑、吹塑、挤塑、滚塑等成型方法，生产薄膜制品、日用品及工业用的大小中空容器、管材、绳缆、渔网和编织用纤维、电线电缆等。

中压法聚合的聚乙烯，是采用了改进型齐格勒催化剂，其聚合温度和压力都高于低压法聚乙烯的聚合条件。中压法聚乙烯的大分子结构为线型，其纯度和很多方面性能都介于高压法聚乙烯和低压法聚乙烯之间。所以，此法生产的聚乙烯称其为中密度聚乙烯（Medium Density Polyethylene 简称 MDPE）。

线性低密度聚乙烯（Linear Low Density Polyethylene 简称 LLDPE）是由乙烯与少量高级 α—烯烃（如丁烯—1、已烯—1、辛烯—1、四甲基戊烯—1 等）在催化剂的作用下，经高压或低压聚合而成的一种共聚物，密度处于 $0.915 \sim 0.940 g/cm^3$ 之间，又称第三代PE。LLDPE 外观与 LDPE 相似，透明性较差些，惟表面光泽好，具有低温韧性、高模量、抗弯曲和耐应力开裂性，低温下抗冲击强度较佳等优点。通过注塑、挤出、吹塑等成型方法，生产薄膜、日用品、管材、电线电缆等。

（2）聚合物的分子结构。

聚合物是由单体通过一定的形式重复连接而成的。根据聚合物中结构单元连接形式的不同，聚合物可分为线型聚合物、支链型聚合物和体型聚合物三种。

（3）聚合物的性质。

线型结构（包括支链结构）高聚物由于有独立的分子存在，故具有弹性、可塑性，在溶剂中能溶解，加热能熔融，硬度和脆性较小。体型结构高聚物由于没有独立的大分子存在，故没有弹性和可塑性，不能溶解和熔融，只能溶胀，硬度和脆性较大。因此从结构上看，橡胶只能是线型结构或交联很少的网状结构的高分子，纤维也只能是线型的高分子，而塑料则两种结构的高分子都有。

（4）聚合物的聚集态结构及其性能。

聚合物由于分子特别大且分子间引力也较大，容易聚集为液态或固体而不形成气态。固体聚合物的结构按照分子排列的几何特征，可分为结晶型和非结晶（或无定型）两种。结晶型聚合物由"晶区"（分子做有规则紧密排列的区域）和"非晶区"（分子处于无序状态的区域）所组成。晶区所占的质量分数称为结晶度，结晶度在 80% 以上的聚合物称为结晶性聚合物，如低压聚乙烯（HDPE）的结晶度为 85%～90%。

通常聚合物的分子结构简单,主链上带有的侧基体积小、对称性高、分子间作用力大,有利于结晶;反之,则对结晶不利或不能形成结晶区。结晶只发生在线性聚合物和含交联不多的体型聚合物中。

结晶对聚合物的性能有较大影响。由于结晶造成了分子紧密聚集状态,增强了分子间的作用力,所以使聚合物的强度、硬度、刚度、熔点、耐热性和耐化学性等性能有所提高,但与链运动有关的性能如弹性、伸长率和冲击强度等则有所降低。对于非结晶聚合物的结构,过去一直认为其分子排列是杂乱无章的、相互穿插交缠的,但在电子显微镜下观察,发现无定型聚合物的质点排列不是完全无序的,而是大距离范围内无序,小距离范围内有序,即"远程无序,近程有序"。体型聚合物由于分子链间存在大量交联,分子链难以做有序排列,所以绝大部分是无定型聚合物。LDPE 的结晶度为 55%～65%。LDPE 的透气性比 HDPE 高约 5 倍。

2.4.2.2 悬浮聚合——聚氯乙烯(PVC)生产

聚氯乙烯(Polyvinyl chloride,简称 PVC)是氯乙烯单体(vinyl chloride monomer,简称 VCM)在过氧化物、偶氮化合物等的引发剂;或在光、热的作用下按自由基聚合反应机理聚合而成的聚合物。PVC 是五大热塑性通用塑料之一,约占塑料总消费量的 29%,仅次于聚乙烯,而居第二位。在建筑材料、工业制品、日用品、地板革、地板砖、人造革、管材、电线电缆、包装膜、瓶、发泡材料、密封材料、纤维等方面均有广泛应用。

PVC 用自由基加成聚合方法制备,聚合方法主要分为悬浮聚合法、乳液聚合法和本体聚合法,以悬浮聚合法为主,约占 PVC 总产量的 80%。悬浮法聚合工艺成熟、操作简单、生产成本低、经济效益好、应用领域宽。悬浮法 PVC 生产工艺 1941 年由美国 Geon公司开发成功,经过世界发达国家十几年的不断改进,在聚合配方、汽提技术、防粘釜技术、自控技术等方面都已相当成熟;釜型设计日趋完善。

PVC 为无定形结构的白色粉末,支化度较小,相对密度为 1.4 左右,玻璃化温度为77℃～90℃,170℃左右开始分解,对光和热的稳定性差,在 100℃以上或经长时间阳光曝晒,就会分解而产生氯化氢,并进一步自动催化分解,引起变色,物理机械性能也迅速下降,在实际应用中必须加入稳定剂以提高对热和光的稳定性。

2.4.2.3 乳液聚合——氯丁橡胶(CR)生产

氯丁橡胶(polychloroprene rubber,简称 CR),又名氯丁二烯橡胶,是由氯丁二烯(即2-氯-1,3-丁烯)为主要原料聚合而成的合成橡胶。被广泛应用于抗风化产品、黏胶鞋底、涂料和火箭燃料。它具有良好的物理机械性能,耐油,耐热,耐燃,耐日光,耐臭氧,耐酸碱等化学试剂。缺点是耐寒性和贮存稳定性较差。具有较高的拉伸强度、伸长率和可逆的结晶性,黏接性好。耐油、耐化学腐蚀性优异。耐候性和耐臭氧老化仅次于乙丙橡胶和丁基橡胶。耐热性与丁腈橡胶相当,分解温度为230℃～260℃,短期可耐120℃～150℃,在80℃～100℃可长期使用,具有一定的阻燃性。耐油性仅次于丁腈橡胶。耐无机酸、碱,抗腐蚀性良好。耐寒性稍差,电绝缘性不佳。生胶储存稳定性差,会产生"自硫"现象,门尼黏度增大,生胶变硬。国外牌号有AD－30(美国)、A－90(日本)、320(德国)、MA40S(法国)。

氯丁橡胶均以乳液聚合法生产,即生产工艺流程多为单釜间歇聚合。配方主要成分为单体、水溶性引发剂、水和乳化剂。单体在水介质中由乳化剂分散成乳液状态进行聚合。不同型号的氯丁橡胶具有不同的用途。

CR122型氯丁橡胶主要用于生产传动带、运输带、电线电缆、耐油胶板、耐油胶管、密封材料等橡胶制品。

CR232型氯丁橡胶主要用于生产电缆护套、耐油胶管、橡胶密封件、黏合剂等。

CR2441、2442型氯丁橡胶主要用于生产黏合剂,用于金属、木材、橡胶、皮革等材料的粘接。

CR321、322型氯丁橡胶主要用于生产电缆、胶板、普通和耐油胶管、耐油胶靴、导风筒、雨布、帐篷布、传送带、输送带、橡胶密封件、农用胶囊气垫、救生艇等。

2.5 氯化过程

在高分子化合物(简称高聚物)分子中引入氯元素的过程称之为氯化过程。这里主要介绍典型高聚物的氯化改性。

2.5.1 氯化聚乙烯

氯化聚乙烯(Chlorinated Polyethylene,简称CPE)是由高密度聚乙烯(HDPE)经氯化取代反应制得的高分子材料。根据结构和用途的不同,氯化聚乙烯可分为树脂型氯化聚乙烯(又称塑改型)和弹性体型氯化聚乙烯(又称橡胶型)两大类。

氯化聚乙烯树脂是一种新型的合成材料,具有一系列优异性能。它是PVC塑料优良的抗冲击改性剂,也是综合性能良好的合成橡胶,有着极为广泛的应用领域,已广泛用于电缆、电线、胶管、胶布、橡塑制品、密封材料、阻燃运输带、防水卷材、薄膜和种种异型材等制品。CPE还能与聚丙烯、高低压聚乙烯、ABS等共混,改善这些塑料的阻燃、耐老化和制品性能。CPE可看作是乙烯、聚乙烯和1,2-二氯乙烷的无规共聚物,它的分子链饱和,极性氯原子无规分布,因为具有优异的物理性能和化学性能,广泛应用于机械、电力、化工、建材和矿山工业。CPE耐热性、耐臭氧和耐候、耐老化优于多数橡胶,耐油性优于丁腈胶(NBR)、氯丁橡胶(CR),耐老化优于氯磺化氯乙烯(CSM);耐酸、碱、盐等腐蚀性、无毒、难燃、无爆炸危险。

CPE主要应用于电线电缆(煤矿用电缆、UL及VDE等标准中规定的电线),液压胶管,车用胶管,胶带,胶板,PVC型材管材改性,磁性材料,ABS改性等等。

20世纪90年代末,国内对高性能阻燃橡胶的需求越来越大,特别是电线电缆行业、汽车配件制造业的发展,带动了对橡胶型CPE的消费需求。橡胶型CPE是一种综合性能优良、耐热氧臭氧老化、阻燃性佳的特种合成橡胶。

目前,高性能阻燃橡胶主要有三种生产方法,即溶液法、水相法、固相法。

我国20世纪60年代开始研究。1990年,潍坊亚星集团引进德国赫斯特的酸相法技术。我国是仅次于美国的第二大生产国。

2.5.2　氯化聚氯乙烯

氯化聚氯乙烯(chlorinated polyvinyl chloride,简称CPVC)是聚氯乙烯(PVC)进一步氯化改性的产品。PVC树脂经过氯化后,分子键的不规则性增加,极性增加,使树脂的溶解性增大,化学稳定性增加,从而提高了材料的耐热性、耐酸、碱、盐、氧化剂等的腐蚀。提高了树脂的热变形温度的机械性能,氯含量由56.7%提高到63%～69%,维卡软化温度由72℃～82℃,提高到90℃～125℃,最高使用温度可达110℃,长期使用温度为95℃。因此,CPVC除了兼有PVC的很多优良性能外,其所具有的耐腐蚀性、耐热性、可溶性、阻燃性、机械强度等均比PVC有较大的提高,因而CPVC是性能优良的新型材料,被广泛用于建筑、化工、冶金、造船、电器、纺织等领域,应用前景十分广阔。

CPVC主要有以下几种生产方法。

① 水相悬浮法。氯化聚氯乙烯于2030年代问世,由德国A·G·法本公司采用溶剂法生产;20世纪40年代,英国I·C·I公司对水相悬浮法开始研究;60年代初,美国Goodrich公司首先采用水相悬浮法生产。

② 溶剂法。西德AG法本公司首先采用溶剂法生产,是最早采用的制备CPVC的方法,该工艺比较成熟,其主要工艺过程是将PVC树脂溶解于氯仿或四氯化碳溶剂中再进行氯化。溶剂法氯化比较均匀,产品具有良好的溶解性能,非常适合用作涂料、黏合剂等。但是,该方法生产的产品热稳定性和机械性能较差,不能用于制作包括管材在内的硬制品;同时,由于使用氯仿或四氯化碳等有机溶剂毒性大,回收困难,因此造成环境污染。该法正逐步被淘汰。

③ 悬浮法。20世纪60年代初,美国古德里奇(Goodrich)公司首先采用水相悬浮法生产CPVC,其工艺过程是将粉状PVC树脂悬浮于氯化氢溶液中,在助剂的存在下通氯反应,氯化反应按自由基反应机理进行。悬浮法生产工艺简单,生产流程短,具有良好的耐热性和机械性能,生产成本也较低,是国内外普遍采用的方法。其不足之处是生产过程产生的酸性废气需要处理,产品后处理较繁琐。

我国自 20 世纪 60 年代由锦西化工研究院开始溶液法 CPVC 的研制与生产;70 年代安徽化工研究院开始悬浮法的研究;90 年代国内才有部分厂家相继采用悬浮法的生产。

④ 气—固相法。1958 年,西德劳伦尔公司首先报道了气—固相氯化法,常压下将 PVC 树脂在干燥状态下放入反应釜或流化床内,直接进行氯化反应。该工艺生产流程短,易于连续化,投资少且生产过程没有废酸、废水的产生,基本无设备腐蚀,后处理大大简化和对环境污染轻。气—固相氯化法存在的氯化不均匀及反应热导出困难限制了该工艺的工业化,美国、日本、以色列、德国及中国等对固相法氯化装置、反应器的型式、反应工艺条件的探索研究主要集中解决这两个问题。该工艺方法尚处于开发阶段。

2.5.3　氯化橡胶

氯化橡胶(Chlorinated rubber,简称 CR)是由天然橡胶或合成橡胶经氯化改性后得到的氯化高聚物之一。由于它具有优良的成膜性、黏附性、抗腐蚀性、阻燃性和绝缘性,可广泛用于制造胶黏剂、船舶漆、集装箱漆、化工防腐漆、马路画线漆、防火漆、建筑涂料及印刷油墨等,是很有发展前途的氯系精细化工产品之一。

CR 的研究最早开始于 1895 年。1915 年由 Peachey 首次获得工业化生产专利,并于 1917 年实现了工业化生产。国内外传统氯化橡胶生产工艺主要为四氯化碳溶剂法。该法工艺成熟,但环境污染严重,尤其是溶剂四氯化碳发散至大气,对臭氧层有破坏作用。1995 年以前,世界绝大多数装置采用该法生产。1995 年后,发达国家将四氯碳溶剂法生产氯化橡胶装置按期关闭,而改用不破坏环境的水相法工艺技术生产此产品。不过,四氯化碳溶剂法目前仍是我国氯化橡胶的主要生产方法。《蒙特利尔议定书》对发展中国家允许有 10 年宽限期,即到 2005 年停止使用四氯化碳,因而研究、开发新型无公害的水相法合成氯化橡胶工艺显得非常迫切和重要。

近年来,水相法氯化橡胶工艺成为我国研究与开发的热点。安徽化工研究院经过多年研究与开发,率先在国内开发成功了水相法合成氯化橡胶的工业化技术,已在江苏、山东、浙江等省建成几套工业化装置,不过最大规模年产能力仅为 500 吨。目前该工艺工程化方面的问题在于,若生产规模增大,与氯化、分离等工艺条件相配套的耐腐蚀反应釜及其搅拌器和离心机等关键设备,国内还不能制造,此因素严重制约了我国水相法装置规模化的进程。我国目前主要采用溶剂法生产氯化橡胶,由于生产工艺较落后,产品黏度分级不清、质量较差、品种少、白度低、氯含量低、热稳定性差、附着力低、溶剂消耗高、污染严重。近年来有关科研院所对此进行了大量的研究,现已取得一定的进展。

（7）理解实施清洁生产和责任关怀的重要意义。

2．能力目标

（1）能够正确地认识当前石化行业面临的挑战和机遇。

（2）提高学生的协作沟通、语言表达能力。

（3）能根据任务要求查询、搜集、整理信息资料。

（4）能够进行责任关怀理念的宣贯。

3．素质目标

（1）增强学生的专业自豪感和专业认同感。

（2）使清洁生产意识、责任关怀理念扎根于脑海中，以在未来的工作中成为一种自主意识和自觉行动。

（3）养成吃苦耐劳、爱岗敬业精神和追求完美的职业精神。

（4）形成化工人固有的严谨细致、扎实肯干、处事稳重的工作作风。

三、参考学时

16 课时，属于理论实践结合课程（B），理论课时与实践课时的比例为 3∶1。

四、课程学分

1 学分。

五、课程内容和要求

序号	教学项目	教学内容与教学要求	活动设计建议	参考课时
1	认识化工	1．教学内容。 （1）专业概况及课程介绍。 （2）化学工业的地位与作用。 （3）化学工业发展概况。 （4）现代化学工业发展前景。 （5）化学工业的资源路线和主要产品。 （6）现场参观、学习。 2．教学要求。 （1）了解本专业发展历史、课程设置及本课程的整体设计、考核方案等。 （2）了解国家、省、市石油和化工行业经济运行现状与发展趋势。	**活动（1）自我介绍。**通过介绍自己的求职、工作、生活经历，引导学生树立正确的学习态度，珍惜大学生活，客观、科学地规划未来。 **活动（2）专业认知度调查。**为每位学生发放一张专业认知度调查表，内容涉及如何选择就读本专业的、对本专业的了解程度、对化工的了解程度、是否喜欢化学等；通过介绍课程的总体设计，使学生明确学习目的、学习任务。	

序号	教学项目	教学内容与教学要求	活动设计建议	参考课时
1	认识化工	（3）了解化学工业在国民经济中的地位和作用。人类离不开化工，没有化学工业的发展、技术进步就没有现代工业的发展和技术进步，化学——我们的生活、我们的未来。 （4）了解硫酸、纯碱、合成氨、氯碱等典型行业的概况和发展。 （5）熟悉现代化学工业的特点，认识到现代化工需要高素质技术技能型、技术应用型人才，学好化工责无旁贷。 （6）熟悉清洁生产内容及责任关怀实施准则，理解实施清洁生产和责任关怀的重要意义。 （7）了解化工资源结构及现状，理解资源综合利用及可再生资源的利用的重要意义。 （8）理解化工生产的多方案性，能够对化工原料、生产路线、产品方案等进行初步比较、评价和选择，树立资源意识、成本意识。 （9）做好参观笔记，撰写学习体会。	**活动（3）案例分析。** 通过重点合作企业及优秀校友案例展示，进一步增强学好化工的信心和动力，引导学生从我做起、从现在做起、从我做起，打好基础、练好技能，人人做"技高品端"的合格毕业生。 **活动（4）图说身边化学。** 生活中的化学无处不在，化学创造美好生活！从衣、食、住、行、娱乐、文化、运动、美容、医药卫生等方面发现身边化学。每个小组选择一个主题，用实物照片加以说明，并分析其化学组成及原理。 要求：① 每个班分四个项目小组（按学号顺序排）。② 每位同学都应在笔记本上做好记录，注明是哪个组的成员；③ 下次课堂讨论：每个小组推荐一人陈述，小组互评。 **活动（5）探究学习。** 分组查询硫酸、纯碱、合成氨、氯碱典型行业的发展史，包括生产方法的沿革、生产工序等，要求同前。通过分组讨论硫酸、纯碱、合成氨、氯碱、化肥几个典型行业的发展史，增进对化学工业发展史的了解，激发民族责任心和使命感，并树立目标和信心，为我国化学工业的可持续发展而努力学好化工知识和掌握化工技能。 **活动（6）案例分析。** 分组查询苏丹红事件、三聚氰胺事件、PX事件，事件的背后说明了什么？应如何避免？要求同前。 **活动（7）参观学习。** 通过参观青岛碱业，提高对循环经济、低碳经济、清洁生产、责任关怀的认识，启发学生树立"资源"、"环境"意识，自觉践行责任关怀。	

序号	教学项目	教学内容与教学要求	活动设计建议	参考课时
2	认识化工生产过程	1. 教学内容。 (1) 化工产品基本生产过程。 (2) 典型化工生产过程。 2. 教学要求。 (1) 熟悉化工产品基本生产过程和操作方式。 (2) 熟悉工艺流程图的类型及意义。 (3) 了解工艺流程配置的一般原则和方法。 (4) 了解烃类热裂解、氧化、羰基化、聚合、氯化等5种典型化工生产过程的基本概念、基本原理和基本规律。 (5) 了解典型化工生产过程在工业上的应用。	**活动(8) 探究学习。** 化学的神秘和伟大之处在于能够创造新的物质。分组讨论,如何实现从原料到产品?要经历哪些过程?要求同前。 **活动(9) 探究学习。** 化工生产过程三大系统核心是化学反应系统,请分组查询你所了解的化工生产中的典型化学反应,要求同前。 **活动(10) 案例分析。** 通过案例分析,理解烃类热裂解、氧化、羰基化、聚合、氯化过程的原理及工业应用。补充塑料、高分子物理等相关知识,拓宽知识面,培养学生的学习能力;通过企业实际案例剖析,使学生提前了解未来实习岗位的工艺过程及相关知识。	

六、课程实施

1. 教学方法

践行"学教做合一"人才培养模式,"学"字当头,突出"学生、学习",注重激发学习兴趣,根据教学内容的不同,可综合运用以下教学方法。

(1) 讲授法。

通过叙述、描绘、解释、推论来传递信息、传授知识、阐明概念,引导学生分析和认识问题。

(2) 任务驱动法。

将教学内容设计成一个或多个具体任务,以任务驱动,以某个实例为先导,进而提出问题引导学生思考,让学生通过学和做掌握教学内容,达到教学目标,培养学生分析问题和解决问题的能力。

(3) 案例教学法。

根据真实事件编写案例,组织学生对案例进行思考、分析、讨论和总结等活动,以加深学生对基本知识和方法的理解,提高学生发现问题、分析问题和解决问题的能力。

(4) 探究学习法。

为了充分拓展学生的视野,培养学生的学习习惯和自主学习能力,锻炼学生的综合素质,给学生留思考题或对遇到一些现实问题,课后让学生利用网络资源自主学习的方式寻找答案，提出解决问题的措施，然后提出讨论评价。

2. 评价方法

本课程采用多元化方式评价学生的学习成绩，过程考核与结课考核相结合。过程考核重点考查"三本"（课本、作业本、笔记本）（携带）、出勤、作业完成情况和课堂表现等。结课考核重点考查学生综合分析问题、解决问题的能力。

总评成绩＝过程性考核（40％）＋结课考核（60％）

3. 教学资源

（1）参考教材。

根据课程性质、任务及目标，选择李淑芬等主编的《现代化工导论》（第 2 版，化学工业出版社）作为学生参考教材。

（2）网络资源。

中华人民共和国环境保护部网站（http://www.zhb.gov.cn/）

中国清洁生产网（http://www.cncpn.org.cn/）

中国责任关怀网（http://www.chinahse.org.cn/front/chinahse/hse/index.jsp）

（3）信息化教学资源。

采用多媒体课件教学。

参考文献

[1] 夏定豪.硫酸工业发展史(《中国大百科全书化工》条目)[J].硫酸工业,1987,(3):51—59

[2] 满瑞林,等.我国硫酸行业现状及新技术的发展[J].现代化工,2015,(9):6—9

[3] 齐焉,等.我国硫酸工业现状及"十二五"发展规划思路[J].硫酸工业,2010,(5):5—12

[4] 胡兆民.我国最后一座塔式法硫酸装置生产总结[J].硫酸工业,1994,(2):31—34

[5] 王建军.基于化工发展史的"硫酸工业"教学设计[J].化学教育,2016,(2):12—15

[6] 王诗瑜.纯碱工业的发展[J].化学工程师,2004,(3):23—25

[7] 张克强,等.纯碱产业"十二五"发展情况及未来走势分析[J].唐山师范学院学报,2015,(2):23—25

[8] 裴正建.纯碱生产工艺综述[J].内蒙古石油化工,2011,(5):38—39

[9] 黎良枝.提供背景知识,促进主动学习——"纯碱工业"单元的学案设计[J].化学教学,2011,(6):37—41

[10] 边志富.天然碱的加工及利用途径探讨[J].内蒙古石油化工,2013,(21):67—68

[11] 颜鑫.我国合成氨工业的回顾与展望——纪念世界合成氨工业化100周年[J].化肥设计,2013,(5):1—6

[12] 洪定一.2012年我国石油化工行业进展及展望[J].化工进展,2013,(3):481—500

[13] 洪定一.2013年我国石油化工行业进展回顾与展望[J].化工进展,2014,(7):1633—1658

[14] 樊小军,等.氯化聚丙烯的生产及改性技术研究进展[J].广州化工,2011(20):9—13